TSUKUBASHOBO-BOOKLET

暮らしのなかの食と農──55

ドイツ農業と「エネルギー転換」
バイオガス発電と家族農業経営

村田武
Murata Takeshi

筑波書房ブックレット

目　次

はじめに ………………………………………………………………… 5

第1章　「バイエルンの道」とマシーネンリンク …………………… 9
　1．マンスホルト・プラン ……………………………………………… 9
　2．家族農業経営と持続的農村 ……………………………………… 11
　　（1）バイエルンの道 …… 11
　　（2）マシーネンリンク …… 13
　　（3）「マシーネンリンク・アイプリンク－ミースバッハ－ミュンヘン」…… 16

第2章　ドイツの「エネルギー転換」と農業 …………………… 28
　1．エネルギー転換 …………………………………………………… 28
　　（1）電力自由化 …… 28
　　（2）伸びる再生可能エネルギー …… 31
　2．バイエルン州南部酪農地帯の戸別バイオガス発電 ………… 32
　　（1）バイオガス施設 …… 32
　　（2）オーバーバイエルン酪農地帯の戸別バイオガス発電 …… 34

第3章　エネルギー協同組合とバイオガス発電 ………………… 46
　1．再生可能エネルギー協同組合の設立運動 …………………… 46
　2．バイエルン州のバイオガス発電 ………………………………… 48
　3．レーン・グラブフェルト郡の再生可能エネルギーの取組み …… 50
　　（1）農業者同盟とマシーネンリンクによる「アグロクラフト社」の設立 …… 50
　　（2）グロスバールドルフにおける7年間のエネルギー転換 …… 52

4．バイオガス発電事業 61
　（1）アグロクラフト・グロスバールドルフ有限会社 …… 61
　（2）グロスバールドルフを代表する大型専業経営とバイオガス
　　　　発電 …… 64

おわりに 75

はじめに

　EUの農村をめぐる議論は、2008年に始まった世界同時不況のもとで新たな展開をみせるようになりました。それを代表するのが、ドイツ・カッセル大学U・ハーネ教授（都市・地域開発論）の「農村の再発見か？」と題する以下のような主張です。
　「農村は、グローバル経済にとっては役割を失った周辺部だとずっとみなされてきた。しかし、再び注目を集めるようになったのは、現在の複合的な危機の克服には農村が貢献できるのではないかということにある。地域に目が向けられるのは、2009年の厳しいグローバル経済危機への反応にとどまらない。むしろ、前面に出てきたのは、エネルギーと環境保護をめぐる農村の機能である。エネルギー危機の克服にはエネルギー生産用に農村の土地が提供でき、再生可能エネルギー用のバイオマス生産が可能であることだ。さらに農村は、環境に有害な気体の増加抑制や固体化に貢献できるし、とくに二酸化炭素の削減や将来的には貯蔵所として気候変動に対する貢献が期待されている。」[1]
　そして、ドイツでは、再生可能エネルギーの地域自給をめざす「100％再生可能エネルギー地域」づくり運動が農村を先頭に始まっています。エネルギー生産を遠隔地の大電力会社から地域に取り戻すことで、エネルギー生産から得られる利益を地域が獲得できること、また地域企業によるエネルギー供給の拡大を通じて、原発を含む大規模集中型エネルギー供給から地方分散型の自治体による再公有化への転換もありうるとしたのです。
　その前提となったのが、2000年に制定された「再生可能エネルギー法（Erneuerbare-Energien-Gesetz, EEG）」によって、あらゆる再生

可能エネルギー発電を普及するために、発電設備所有者の総経費が売電収入でまかなえるようにした20年間の「電力固定価格買い取り」制度の導入でした。

　そして、2011年3月11日の東日本大震災での東京電力福島第一原発の事故に深刻な打撃を受けたメルケル首相は、事故4日後には「原子力モラトリアム」を発令しました。31年間以上稼働している原子炉7基をただちに停止させたのです。そのうえで、新たに哲学者や宗教者を含む原発に関係しないメンバーで構成する「安全なエネルギー供給に関する倫理委員会」を立ちあげ、その提言「福島事故によって、原子力発電のリスクは大きすぎることがわかったので、一刻も早く原発を廃止し、よりリスクが少ないエネルギーによって代替すべきだ」（5月30日提出）を受け入れて、事故からわずか4カ月後の7月には原子力法を改正したのです[2]。福島事故後に停止させた7基と、07年から停止していた1基を再稼働させずに、残りの9基も2022年末までに停止させることを決定しました。そして、エネルギー生産において、2011年末に20％であった再生可能エネルギーの割合を20年には35％、30年には50％、50年には80％という高い目標を設定したのです。

　ひるがえって、わが国では、政権を民主党から奪い返した自民党の安倍政権は、「2030年代に原発稼働ゼロをめざす」とした民主党政権の「革新的エネルギー・環境政策」を見直すとして、原発再稼働に躍起です。福島第一原発事故の原因が検証できないままでの、また福島県における原発事故の復旧と被災者の救済が遅々として進まず、福島県民の事実上の「棄民化」が進むなかでの、安倍政権の強引な原発再稼働への動きは全く許しがたい所業です。

　さて、被災者救済の試金石とされるのが、2012年6月に議員立法で成立した「原発事故子ども・被災者生活支援法」です。問題は、その

具体的実施に関する「基本方針」を、安部政権はどのような内容で、被災者の「被曝を避ける権利」を確立するかにあります。

　福田健治・河崎健一郎両氏の「『被曝を避ける権利』の確立を──『原発事故子ども・被災者支援法』の可能性と課題」(『世界』2013年1月号)は、それを以下のように提案しています。

　その要点は、支援対象地域と被災者をどう定義するかにあって、追加放射線量（空間線量から自然放射線量を引いた値）が年間1ミリシーベルトを超える地域とすべきであること（福島県内だけでなく、宮城県南部、北関東各県の北部、茨城県南西部・千葉県北西部を含む）、求められる具体的支援策には、①避難に必要な実費の補助、②災害救助法による借り上げ住宅の提供や、これに代わる家賃補助制度、③雇用の支援。雇用支援は、東日本大震災の被災者向けに実施されている被災者雇用助成金や雇用創出基金事業の適用を、区域外避難者に拡大すること。④帰郷のための交通費補助、⑤福島県の県民健康管理調査の実施主体を国に移管、⑥医療費（福島県内では2012年10月から18歳までの子どもの医療費が無料化されている）は、国の責任で、避難先や福島県外の線量が高い地域においても子ども・妊婦の医療費を免除する新制度とすべきこと。

　きわめて腹立たしいことに、政府・国会は、同法成立後1年以上も「基本方針」の確立を引き延ばしてきました[3]。

　「毎日新聞」（2013年8月30日）は、復興庁が、支援対象地域を定める放射線量基準を決めないまま、福島県内33市町村を支援対象地域とする基本方針案をまとめたと報じました。同紙が解説で厳しく批判しているように、線量によらず支援の範囲を先に制限してしまうのは、本末転倒、法の骨抜きに他ならず、断じて許しがたいものです。

　同じ『世界』2013年1月号の赤坂憲雄氏（学習院大学教授・福島県

立博物館長・遠野文化研究センター所長）の発言「やがて、福島がはじまりの土地となる」に注目したいと考えます。

　「福島の人々にとって、脱原発はイデオロギーではない。……子どもたちの未来のために、未来の子どもたちのために、原子力に依存しない生活スタイルを、地産地消型の自然エネルギーを拠りどころとして創ってゆく。この傷ついた福島こそが、そうした自然エネルギー社会への転換の先進地とならねばならない。」

　本書は、地産地消型の自然エネルギーを拠りどころに原子力に依存しない生活スタイルと、新たな地域経済循環を創りだそうという試みで、一歩も二歩も先を行くドイツ農村の最新の動きを追ったものです。

　本書でとりあげたバイエルン州におけるマシーネンリンク、バイオガス発電にとりくむ農家や協同組合などは、いずれもミュンヘン工科大学のA・ハイセンフーバー教授の紹介によるものです。近年の私のバイエルン州調査への支援を惜しまれないハイセンフーバー教授に心から感謝申し上げます。なお、掲載した写真は、第１章・第２章のものは私が現地調査で撮影したものです。第３章の写真はアグロクラフト社の提供によるものです。

注
1) Hahne, Ulf, (2010), Rückblick 2009: Wiederentdeckung des ländlichen Raums? AgrarBündnis, *Der kritische Agrarbericht 2010*, SS 151-58.『批判的農業報告』は、ドイツの非主流農業者諸団体の連合組織である「農業同盟」（AgrarBündnis）が、1993年以来刊行している。
2) 安全なエネルギー供給に関する倫理委員会（吉田文和/ミランダ・シュラーズ訳）(2013)『ドイツ脱原発倫理委員会報告』(大月書店)。
3) 2013年8月下旬、福島県の住民や自主避難者19名が、この「原発事故子ども・被災者生活支援法」の成立から１年以上過ぎても、国が基本方針を策定しないのは違法（不作為の責任）だとして東京地裁に提訴している。

第1章 「バイエルンの道」とマシーネンリンク

1．マンスホルト・プラン

　西ヨーロッパ諸国では、旧西ドイツやフランスを代表に、戦後復興を遂げるとともに、1950年代後半には小作法と土地整備法で農地所有の近代化を図ります。さらに、「農業法」にもとづく耕地整理と構造改善事業によって借地型自立経営を創設して農業構造を改革する農業「近代化」政策を推進しました。これを前提に、欧州経済共同体（EEC）の成立（1958年）は、1960年代にほぼ完成をみる「農業共同市場」をして、「共通農業政策」（CAP）の域内優先原則（関税と輸入課徴金による域外との国境の事実上の閉鎖）によってアメリカ産穀物が規定する国際穀物価格との競争を遮断しました。そのうえでEEC加盟国農業の穀物と牛乳が代表する基幹作物全体の収益性バランスを考慮した需給管理・価格政策を展開させ、農業生産力の上昇に道を開いたのです。

　しかし、それはまもなく、酪農部門を先頭に、そして穀作部門にまで広く過剰生産問題を引き起こします。それへの対応がEEC委員会の「マンスホルト・プラン」（68年12月発表）だったのです。

　マンスホルト・プランは、1971年には「1980年農業プログラム」としてEC共通農業構造政策の実施に入ります。1980年までの10年間の計画期間において、過剰問題の激化と農業財政膨張に対処するために、緊急ないし中期施策として、①バターや砂糖など過剰品目の支持価格引下げ、乳牛削減（5年間に約300万頭）などを行うとしました。そして、②80年を目標とする長期施策としては、農用地面積の500万ha

削減、離農促進による農業就業人口500万人縮小と、農業経営規模の拡大をめざすものとなりました。それが育成するとした農業経営は、効率的に管理された企業としての「生産単位」ないし「近代的農業経営体」であって、穀作では少なくとも80～120ha、畜産では飼育頭羽数が酪農40～60頭、肉牛150～200頭、養豚450～600頭、採卵鶏1万羽規模で、ブロイラー養鶏では年間10万羽出荷というのが標準でした。

　さて、このマンスホルト・プランへの旧西ドイツ政府の対応は、69年の総選挙で成立したドイツ社会民主党・自由民主党（SPD/FDP）連立政権によるものでした。エルトル連邦食料農林大臣のもとでの「エルトル・プラン」（「農林業戸別経営振興助成計画及び社会的補完計画」）と呼ばれ、経営振興施策の効率化と選別政策を徹底化して、中小農民の離農促進を明確に打ち出すものでした。すなわち、西ドイツ連邦政府はマンスホルト・プランの推進を基本的に保証したのです[1]。

　マンスホルト・プランのめざす農業構造改革は、それが目標とした1980年はともかくとしても、90年代に至って、穀作農業条件に恵まれた平坦地域、すなわち「構造政策」圏内—すなわち農民層分解促進政策によって農業構造を改革することが可能な地域—において、たとえば、フランスではパリ盆地、西ドイツではニーダーザクセン州など北部平坦地、イタリアではロンバルディア平原、イギリスではイーストアングリアなどで、「効率的に管理された企業」基準の大規模穀作経営を、地域農業の主幹経営として成立させるにいたりました。しかし、EC域内諸国には、「構造政策」圏外ともいうべき農業条件に恵まれない地域が広く分布していました。そのような地域では、たとえばイギリスやフランスにみられる肉牛・羊放牧の粗放的丘陵地農業とともに、本書でとりあげる南ドイツのように草地酪農に典型的な中小零細経営の存在が一般的であったのです。

2．家族農業経営と持続的農村

（1）バイエルンの道

　H・アイゼンマン農相を先頭とするバイエルン州食料農林省は、マンスホルト・プランとそれに追随する西ドイツ連邦政府の動きに強く反発して、「マンスホルトの道」ではなく、「バイエルンの道」を提起しました。そして、「成長か撤退かを迫り、大経営にだけ存在意義を認める」マンスホルト・プランへのバイエルン州独自の対抗策を立てさせることになったのは、1960年代にすでに、次項でみる「マシーネンリンク」に代表されるパートナーシャフト、つまり農業経営間協力をめざす運動がバイエルン州では本格化していたことが背景にあるのです。

　「バイエルンの道」は、マンスホルト・プランの戦略を批判的にとらえました。すなわち、それは「ソフトな農業構造調整（撤退）政策」（Agrarpolitik der Gesundschrumpfung）であって、少数の規模拡大をめざす経営だけが生き残れるような政策である。それではバイエルン州の直面している問題の解決どころか、荒廃と過疎化をより深刻化させることになる。農業政策は、減少する専業経営をもっぱら対象にするのでは見通しがなく、もっと長期的かつ明確な社会政策的視点をもつべきであって、欧州の農業政策は重大な岐路に立っている、としたのです[2]。

　そして、バイエルン州のめざすべきは、「農家は農業による収入だけでなく、農外収入を合理的に確保することによっても、総体としての所得の増加を図ることができる」ことを考え方の基本とし、すべての農家に対して、すなわち主業（専業的）経営の経営育成だけでなく、農村地域に非農業の就業機会を創出して、兼業農家にも適切な居場所

を提供し、農家の農地所有を維持することによって、農業環境・景観の維持に貢献する農家を確保して、社会的安定を得ようというものでした。州政府は、この「バイエルンの道」を「バイエルン州農業振興法」として1974年8月に法制化しました[3]。

　その冒頭では、法の目的が、①バイエルン州の農林業経営が専業経営（Haupterwerbsbetriebe）、第1種兼業経営（Zuerwerbsbetriebe）・第2種兼業経営（Nebenerwerbsbetriebe）のいずれの形態にあっても、その社会的存在が保証されるべきこと、②高品質の農林産物の生産および州民への健全かつ有効な食料供給が促進されること、③農村地域が農業景観として維持されるべきこととされました。

　法に盛り込まれた重点課題は、以下のとおりでした。

　第1に、農業環境景観（Kulturlandschaft）を農民の労働で維持する。

　第2に、農林業者の農林業教育・再教育とともに、第2種兼業農民の専門職業教育を強化する。

　第3に、生産者の自助組織（Selbsthilfeeinrichtungen）の結成を支援する。①農産物の品質改善（食肉や牛乳の生産管理、種苗管理、野菜果実の品質管理）、②経営間協力（マシーネンリンク）の促進、③農民家族の経営・家政ヘルパーや搾乳ヘルパーなどによる支援。

　第4に、農家の生産した農産物の国内販売・輸出を促進する。

　かくして、「バイエルンの道」を推進する助成策は、⑴EC委員会がイギリス（1973年EC加盟）の丘陵地農業助成策を75年に加盟国全体に広げた条件不利地域対策の州内での積極的な認定、⑵環境にやさしい農業と農村環境保全をめざす「バイエルン州農業環境景観保全プログラム」（クーラップ：Bayerisches Kulturlandschaftsprogramm, KULAP）の実施、⑶農業者の自助組織「マシーネンリンク」の組織化のバックアップなどとして具体化されます。

「バイエルン州農業環境景観保全プログラム」は、西隣のバーデン・ヴュルテンベルク州の「粗放化・農業環境・景観保全給付金」制度（メカ：Marktentlastungs-und Kulturlandschaftsausgleich, MEKA）と並んで、ドイツ地方政府独自の農業環境景観保全給付金制度を代表するものになります。バイエルン州の農地のほぼ50％の160万haが、この給付金制度の支払い対象です。その助成対象は、①経営全体を対象とするのは有機農業助成、②草地の耕起禁止・農薬散布禁止、牧草刈取回数制限など粗放的利用助成、③耕地の粗放的利用促進と単作化防止、土壌浸食防止、草地転換などの助成、④液肥散布の制限と点滴施用の促進、高原・山上放牧地（Almen und Alpen）牧羊、散在果樹園、傾斜地ブドウ園、湖沼適正管理など農業景観保全助成と幅広く、その助成額はメカ給付金制度とほぼ同水準です[4]。

（2）マシーネンリンク

　家族農業経営は、小規模であっても、農業機械の装備が不可避で、生産経費の膨張の大きな要因となっていました。しかし、機械を能力一杯に利用するのがむずかしく、さらに家族労働力を合理的に投下するのも不十分といった構造的欠陥を克服して、専業農家だけでなく兼業農家にも社会的存在を認めるという「バイエルンの道」の理念を現実的なものにするには工夫が必要でした。バイエルン州におけるその工夫が、農業経営間での協力を組織すること、とくに農業機械利用において経営間協力を組織することでした。それが、1958年に始まったマシーネンリンク（Maschinenring, MR）と呼ばれる機械利用の経営間相互援助であったのです[5]。

　マシーネンリンク（以下ではMR）は、バイエルン州農林省職員であったE・ガイアースベルガーの発案と指導のもとで、機械作業斡旋

（Maschinenvermittlung）を行う農村自助組織（die ländliche Selbsthilfeorganisation）として出発しました。機械装備や労働力が不足する経営とそれが超過する経営を結びつける組織であって、機械作業供給者は所有機械の減価償却を確実に行えます。他方で、需要者は経営に必要な一貫機械装備が不必要となり、固定費用を削減できるというものです。とくに戦後の農業生産力の上昇が、農業機械化、したがって機械投資額の膨張、生産費に占める機械・施設費の割合の上昇をともなったことが、また機械作業の斡旋という農家にとっては抵抗感のそれほどない協同であったことが、マシーネンリンク運動をして急速に、バイエルン州で、またそれに隣接し農業構造がさらに中小零細経営型であったオーストリアで大きな支持を得ることになったのです。当時は、冷戦下の東西ドイツ分裂国家体制のもとで、旧東ドイツ「ドイツ民主共和国」の農村では、農業生産協同組合（LPG）への農民の半ば強制的な共同化が進められていた時代であったからです[6]。

　バイエルン州政府は、このMRを「バイエルンの道」を支えるものとして、専任マネジャーの人件費の80％と、管理費の30％を助成しました。

　MRは、2008年のデータでは、全国に256組織を数え、会員数では19万3,300経営（総農家32万7,600経営の59％）が組織されています。農用地では763万haと全農用地の45％に達します。組織数では、バイエルン州75、バーデン・ヴュルテンベルク州30、ヘッセン州51と、南ドイツ３州で156組織、全国の60.9％を占めます。これら基礎組織の連合会としてドイツ全12州に州連合会があり、さらに全国連合会とバイエルン州連合会がミュンヘン北郊の小さな町ノイブルクにあります。

　バイエルン州内75MRに、会員として９万7,311人（全国会員の半数）、州内の82.6％の経営が組織されています。農用地でも275万ha（76％）

と組織率で際だっています。会員数は1973年の1万3,286人（総農家の12.0％）が92年には10万を超え、99年に10万3,200人を記録しましたが、その後は州内農家の減少が顕著であるために、MR会員数も9万人台に減っています[7]。

75MRの総事業高は08年では8億8,948万ユーロです。決して小さい数字ではありません。

事業内容も、①MR本来事業としての機械作業斡旋に加えて、②農繁期や疾病・事故などの緊急事態に対するヘルパー事業を行う経営支援・家政支援事業、③子会社（MR-Tochterunternehmen）を組織しての副業営業活動に広がっています。機械作業斡旋は総事業高の52.9％、経営・家政ヘルパー事業が9.5％に対し、子会社事業高が37.6％を占めるようになっています。このこともあって、現在ではMRは、「機械・経営支援リンク」（Maschinen-und Betriebshilfsring）を名乗っています。いずれも登録組合であって、通常は郡（Kreis）単位に組織されていますが、それ自体は機械を保有していません。専任マネジャー1名に加えて、MRの規模で異なりますが数名の専従職員が雇用されています。

〈機械作業斡旋と経営・家政支援の実際〉
第1に、MRに仲介される機械には、以下の3種類があります。
A：個々の農家所有機械で、その副業として行われるもの
B：いわゆる作業請負会社（Lohnunternehmen）の機械
C：農家グループ（機械共同利用組合）の共同所有機械。バイエルン州のMR平均では参加農家の20％弱が機械共同利用組合（Maschinengemeinschaft）を組織しています。

AとBの場合は、機械オペレーターはほとんどが機械所有者か、機

械所有者の被雇用者ですが、たまにはオペレーターなしで貸与されることもあるといいます。

　Cの場合は、通常、大型投資、すなわち高額利用賃を要求する専門機械や大型機械に適しています。利用効率を高めるために2交代で運転されることも少なくありません。1台の機械に、2～3人の専門技術オペレーターが必要です。耕耘作業用のトラクターはオペレーターなしで貸与されることがあります。作業種類では、飼料栽培・ワラ収穫、穀物収穫、トラクターによる運搬作業、施肥・播種、根菜収穫、景観保全、林業作業など多彩です。機械作業斡旋額（1ha当たり平均）は、1971年の39.5マルク水準から、98年には224マルクにアップしています。

　第2に、MRに仲介される労働力は、①会員農家の子弟、②会員本人で自己経営では労働力に余裕があるか、副業を必要とする場合です。

　会員の50～60%が機械作業の需要者としてMRを利用し、30～40%は需要者であるとともに同時に供給者でもあります。もっぱら供給だけは10%以下の会員とみられます。

　以下では、「マシーネンリンク・アイプリンク－ミースバッハ－ミュンヘン」をみることにします。

（3）「マシーネンリンク・アイプリンク－ミースバッハ－ミュンヘン」[8]

1）広域のマシーネンリンクに成長

　本部をバイエルン州都ミュンヘンの南郊約25kmのローゼンハイム郡フェルトキルヘン・ヴェスターハムに置く「マシーネンリンク・アイプリンク－ミースバッハ－ミュンヘン」（Maschinen-u. Betriebshilfsring Aibling-Miesbach-München e.V.、以下では「アイ

図1-1　バイエルン州の7行政管区と「アイプリンクMR」の事業エリア（斜線を入れたエリア）

プリンクMR」ないし単にMRとする）は、E・ガイヤースベルガーのアイデアを学んだ農家5戸が1963年にフェルトキルヘンで設立したマシーネンリンクを母体にしています。この時期には、数戸の農家とライファイゼン協同組合（当時は穀物等の農産物の集荷業務を行っていた）の協力で村落（Gemeinde）単位でマシーネンリンクが組織されました。1970年代前半になると、中小マシーネンリンクの第1次合併、そして2000年前後の第2次合併を経て、ほぼ現在の規模や事業エリアになったといいます（図1-1）。

アイプリンクMRの現在の事業エリアは3郡にまたがっています。本部のあるローゼンハイム郡の一部（旧バート・アイプリンク郡）、ミースバッハ郡の全域、それに放射状に区分されたミュンヘン都市圏です。本部には、マネジャーを含めて4名の専従職員がいます。

　MRの運営予算は、人件費・事務所維持費合計25万ユーロを、①会員会費12万ユーロ、②作業等仲介手数料5万ユーロ、③州連合会（州政府）からの助成金5万ユーロ、その他収入でまかなっています。

2）参加農家

　参加農家は1,688戸（2009年12月末現在）を数えます。隣接するマシーネンリンクとの事業エリアの重複はありませんが、農家は会費を払いさえすれば複数のマシーネンリンクへの重複参加が認められています。事業エリアの北部平坦地では95％を超える大多数の農家が参加しています。南部、つまりミースバッハ郡の南半分の中山間地域（最南部はオーストリアのチロル地方と国境を接するバイエルン・アルプス）では、農家数は減少しているものの、参加率は40〜60％にとどまる村落が多く、未参加の農家の新参加が期待できるので、参加者数は依然として上向きといいます。この地域は、南部のプレアルプス（アルプス山脈東北部の山地）から北のミュンヘンに向けての丘陵、そして平坦地に連なりますが、ほぼ全域が草地農業地域であって、酪農経営が支配的です。参加農家の6割、1,000戸余りは北部すなわち、ミュンヘン都市圏と旧バート・アイプリンク郡では搾乳牛30〜40頭以上の、最高100頭の主業経営が存在し、草地約20haでの牧草栽培と、それより少ない耕地でのトウモロコシ（実取りトウモロコシはわずかで、デントコーンが中心）、小麦、ナタネ栽培が典型的な経営構造です。草地利用はプレアルプス地域では一般牧草70％・クローバ10％・ハーブ

類20％が一般的であり、降水量に恵まれているので年間4〜6回もの刈取りが可能です。それだけに草地としては高地代地域であって、平均300ユーロ/haです。草地需要の高い地域では400ユーロ/haにもなります。草地の借地率は30％に達します。

　ミースバッハ郡、とくにその南部では小零細経営が多いのが特徴です。オーストリア・チロルにつながる観光資源を生かしたグリーン・ツーリズムや林業経営など農外就業機会に恵まれていますが、林業は建材用ドイツトウヒやバイオマス利用ないし薪用ブナなどのせいぜい10〜15haの農家林業です。この南部地域はEUの条件不利地域対策「平衡給付金」の支払い対象地域であり、バイエルン州の農村環境政策（KULAP）の主たる実施対象地域でもあります。

　アイプリンクMRへの参加資格は、入会金の17.90ユーロに加えて年会費（基本）40ユーロ＋年会費（農地面積割）1.5ユーロ/haの納入によって与えられます。年会費の平均は60〜80ユーロであって、参加農家は経営面積が10〜30haを中心とする中小経営です。

3）MRクラシック部門

　MRの事業は、現在では参加農家間の農業機械利用斡旋業務に加えて、経営・家政などのヘルパー事業が展開されています。また、機械利用も個々の参加農家の機械の利用仲介にとどまらず、数戸の農家の大型機械共同所有・共同利用（Maschinengemeinschaft）を積極的に奨励しているといいます。ただし、これらはいわばMR設立以来の本来業務の拡大であって、これらの事業分野は「MRクラシック部門」とされています。

　1990年代半ば以降になると、これらの事業とは別に、①自治体から道路・公園・緑地などの公共施設の清掃管理の受託業務や、②林地所

有農家の林地有効利用のために、木材チップ利用のバイオマス熱エネルギー事業が積極的に取り組まれています。これらの新しい事業部門は、MR本体とは別に会社を興す方法が取られています。というのは、中小農家支援としてバイエルン州はMRの運営を財政的にバックアップしてきたので、これらの新業務を助成対象から明確に外すことが州民の理解を得るうえで必要となったことが背景にあります。

アイプリンクMRの公共施設清掃管理業務受託は、職員9名の「コンミューン協力有限会社」（Pro Communo AG）が行っています。この有限会社の出資者はMR参加農家に限定されており、出資は1株50ユーロ、最大出資株数が40株（2,000ユーロ）に制限されています。配当が5％と有利であることによります。現在では、出資者は500名にものぼります。

バイオマス熱エネルギー事業については、次項にまとめて整理します。

さて、アイプリンクMRの事業高は2009年では663万ユーロに達し、これは前年より7.1％のアップになりました。この事業高規模は、バイエルン州内75MRのなかでは上位3分の1のなかにあります。参加農家の農用地面積1ha単位では177ユーロです。1,688参加農家のうち、もっぱら機械作業を需要するだけの農家は506戸（30.0％）であり、もっぱら機械作業を供給するだけの農家は115戸（6.8％）でした。687戸（40.7％）は作業を需要するとともに、供給もあり、残りの380戸（22.5％）は需要・供給のいずれもありませんでした。

バイエルン州農業局の「農業簿記調査結果」から、アイプリンクMRのある南バイエルン地域の酪農経営の経営実態をみると、販売・収入部門および経費部門における賃労働・MRにかかる収入と支出費がともに計上されており、つまり平均的にはMRを通じる機械作業幹

旋の供給、需要ともに利用しているということです。機械装備を抑えることで、経費に占める機械・機器の減価償却費と維持費を抑えているということでしょう[8]。

　機械作業や機械貸与などは、いずれも作業料金（時間当たりの標準料金）が細かく決められており、その清算はMRを経由することが義務づけられています。単価には付加価値税7％が含まれます。マシーネンリンクの作業料金の付加価値税は、一般付加価値税の19％が、食料品・文化財と同じ7％に減額されています。作業料金（時間当たりユーロ）は、2～3年ごとに変更されますが、変更の最大の理由は、農業機械価格の上昇だといいます。単価の決定は、作業需要者が農業機械に投資するよりも有利な水準でというのが判断基準になっています。

　仲介された農業機械貸与・作業は、統計で、①トラクター貸与72万ユーロ、②輸送作業32万ユーロ、③耕うん作業11万ユーロ、④施肥・播種・栽培管理25万ユーロ、⑤有機肥料散布41万ユーロ、⑥飼料栽培・ワラ収穫作業221万ユーロ、⑦穀物収穫脱穀選別23万ユーロ、⑧屋内作業機械貸与6万ユーロに達します。

　MR設立当初からの最大の事業である農業機械貸与・作業仲介については、このアイプリンクMRの事業エリアが中小家族経営の多い草地酪農地帯であるだけに、飼料栽培・ワラ収穫作業の事業高が221万ユーロと際立っています。次いで大きいトラクター貸与、有機肥料散布なども加えれば、酪農経営の草地管理や耕地耕うん、牧草や穀物収穫など圃場作業機械や作業が、トラクターや収穫機等の圃場作業機械を装備しない中小酪農経営からMRを通じて作業が委託されたり、機械が借り出されたりしている姿が浮かび上がります。

　このような圃場機械作業に加えて、「経営ヘルパー」（Betriebshilfe）

事業が107万ユーロとかなりの事業高に達するとともに、対前年比でも16％増と最大の伸びをみせています。この「経営ヘルパー」事業には、①農作業ヘルパー（Wirtschaftliche Betriebshilfe）と、②家政ヘルパー（Soziale Betriebshilfe）があって、斡旋された労働時間は、①農作業ヘルパーでは合計3万9,000時間、②家政ヘルパーでは合計2万6,000時間にのぼります。

　農作業ヘルパーの主な作業は牛舎内作業であり、これに圃場での農業機械作業、畜舎建築が加わります。建築作業は、農用建物建築に制限されています。ヘルパーはMRに登録されています。参加農家の子弟がとくに重要なヘルパー要員であって、農作業ヘルパーでは職業専門学校の農業科、家政ヘルパーは家政科の卒業直前か直後の青年男女が登録されています。ヘルパー事業では、社会保険料、とくに労災保険料はヘルパー自身の負担です。

　MRは作業委託者・受託者それぞれから、作業料金の0.7％ずつ、合計1.4％を仲介手数料として徴収します。

　参加農家のうち50名余りが、MRの推奨する機械共同利用組合（Maschinengemeinschaft）を数名単位で結成し、機械を共同購入しています。その場合も、その組合内部での作業受委託についても、仲介料がMRに納付されます。MRは参加農家の機械共同利用組合結成に際するコンサルタント業務を無料で実施するとともに、組合の機械導入に際する補助金申請において、各種証明書の発行権をもっているからです。

4）マシーネンリンクと再生可能エネルギー

　公共施設清掃管理業務を受託している「コンミューン協力有限会社」は、さらにバイオマス・エネルギー生産業務を事業化しています。林

地所有農家の林地有効利用のために、木材チップを利用してのエネルギー生産です。

　このバイオマス・エネルギー生産は、アイプリンクMRに加えて、その事業エリア内の2つの林地所有者組合——組合員はアイプリンクMR参加農家——との、また隣接するローゼンハイムMRとエーバースベルクMRそれぞれの子会社の計5団体の共同出資で組織した「MWバイオマス株式会社」（MW Biomasse AG.：MWはマシーネンリンクのMと林地所有者WaldbesitzerのW）が管理会社として運営しています。本部職員4名とパート従業員での運営です。

　「MWバイオマス株式会社」はバイオマス熱エネルギー工場（地域暖房の温水供給循環センター）をすでに13施設開設しており、最大規模のMWバイオマス・グロン工場は1,500kWの出力です。

　MWバイオマス株式会社の主力工場であるグロン工場は、エーバースベルク郡マルクト・グロン村（人口4,700人）のチンネベルク地区にあります。2009年10月末に操業を開始しています。

　グロン工場はグロン村にある修道院と老人ホーム（それぞれ年間20万リットルの灯油を使用）、さらに村内の住宅（灯油需要量は合計約15万リットル）を対象に、延長3.5kmの地域暖房システムに温水（95℃）を供給します。送水された温水は、工場に60℃台で戻ってくる温水循環システムです。木質チップ・ボイラーで沸かされた温水は、隣接する35m^{3}タンクから直径15cmのパイプで送り出され、途中は直径10cm、末端は直径2cmの配管で利用者に届けられます。

　設備投資額は総額330万ユーロ、うち工場施設費と配管費が半々であったといいます。助成金は連邦（国）が30万ユーロ、バイエルン州が20万ユーロの合計50万ユーロ（15％）にとどまります。

　原料のチップは、15km圏内の約100戸の農家から供給されます。チッ

プの買い取り価格はこの3年ほどで、2～6ユーロ/m^{3}から4.50～7ユーロ/m^{3}に引き上げられています。チップ供給農家のコストに見合う収益を保証するためといいます。

1台30万ユーロするチップ製造機を所有しない農家は、マシーネンリンクの機械利用仲介業務を利用してチップを製造します。このエーバースベルク郡では、林地比率が35～50％と高く、しかも民有林が多いという特徴をもっており、農家は平均10～30haの林地を所有し、1戸平均では70～80m^{3}のチップを供給するといいます。

自動化された工場は、マシーネンリンク組合員を1名、週労働時間8時間で雇用するだけで運転できます。

温水の売価は8セント/kWhです。これは1リットルが75セントの灯油価格を基準にしています。通常の家庭で温水を年間3,000リットルを購入するので、温水料は240ユーロとなります。灯油価格が上昇すれば家計費負担は温水の方が小さくなります。温水購買者とは15年契約を結んでいます。

このグロン工場への出資者には6％の配当が行われており、これもマシーネンリンクに参加し、出資機会の与えられた農家にとっては、工場へのチップ販売収益に加えての所得源になっています。

さて、マシーネンリンクは、自らバイオマス・エネルギー生産事業に参入するだけでなく、農家のバイオマス・エネルギー生産事業を、個々の農家の単独事業に加えて、マシーネンリンクが仲介する協業事業として組織することにも積極的です。次章にみるのは、アイプリンクMRが紹介してくれたバイエルン州南部の畜産農家の取組みです。

注
1）EUの農業構造政策と農業環境・農村開発政策の詳細については、R・

フェネル（荏開津典生監訳）(1999)『EU共通農業政策の歴史と展望』（食料・農業政策研究センター、442ページ以下）、村田武（1996）『世界貿易と農業政策』（ミネルヴァ書房）第4章、第5章、B・ガードナー（村田武監訳）(1998)『ヨーロッパの農業政策』（筑波書房）、井上和衛編(1999)『欧州連合（EU）の農村開発政策』（筑波書房）、野田公夫（2006）「世界農業類型と日本農業」『季刊at』6号などを参照されたい。ドイツの農業構造政策である「エルトル・プラン」については、村田武(2006)『戦後ドイツとEUの農業政策』（筑波書房）の第5章を参照されたい。
2）『のびゆく農業374・バイエルンの道—現代の農業政策』(1972)（中村光弘訳）12ページ。
3）Bayerisches Staatsministerium für Ernährung, Landwirtschaft und Forsten（1998）,*Gesetz zur Förderung der bayerischen Landwirtschaft (LwFoG) Vom 8. August 1974.*
4）Bayerisches Staatsministerium für Ernährung, Landwirtschaft und Forsten（2007）,*Bayerisches Zukunftsprogramm Agrarwirtschaft und ländlicher Raum 2007-2013.* バーデン・ヴュルテンベルク州のメカ（MEKA）給付金制度については、下記に紹介した。村田武「EUの農村と農業」(2011) 梶井功編『「農」を論ず—南ドイツを事例に—』（農林統計協会）所収。
5）バイエルン州のマシーネンリンクについてはマシーネンリンク・バイエルン州連合会（Kuratorium Bayerischer Maschinen-und Betiribshilfsringe e.V.）、さらに同連合会によって優秀な組織として推薦のあった「マシーネンリンク・アイプリンクーミースバッハーミュンヘン」についても、2010年2月に現地ヒヤリングを行った。それらのデータは、参加農家に配布されている月刊『会報』を利用した。また、バイエルン州マシーネンリンクについての基本データはバイエルン州連合会がその設立50周年記念事業として刊行した『50年史』が役に立つ。
Chronik der Bayerischen Maschinenringe（1958-2007）, Mit den Erfahrung von gestern für den Erfolg von morgen, 50Jahre Maschinen-und Betriebshilfsringe in Bayern, 2008.
6）マシーネンリンクの基本的システムは以下のように説明された。
　すなわち、大型機械の運搬・移動にロスの少ないエリアに、相当数の参加農家と整備された圃場があって、有能な専任マネジャーを配置

し、適正な作業料金を設定できるマシーネンリンクが組織されれば、経営規模の拡大が装備したトラクターやコンバインなど大型機械の完全利用には追いついていない専業経営には、機械を装備していない農家の農地での作業受託によって完全利用が可能となる。専業農家との規模格差の小さい第1種兼業農家も装備した機械の余力と自家農業では余力のある労働力をもっており、それを専業農家や第2種兼業農家での作業受託に活用することで兼業所得をあげることができる。第2種兼業農家は、農作業の大半を機械所有経営に委託することで、農地所有を維持できる。

1950年代半ばから60年代にかけてのドイツにおける農業問題は、被占領ドイツが1949年にドイツ連邦共和国(西ドイツ)とドイツ民主共和国(東ドイツ)の分裂国家として独立し、東ドイツで旧農民層(戦前からの農民経営)の抵抗を受けながら強行された「社会主義的農業集団化」による農民の農業生産協同組合(LPG)への統合が、西ドイツでの「共同化」への敵視を一般化させることになった。それは1955年のドイツ農業法にも反映しており、自立経営育成は協業や共同経営をまったく欠如したものとして展望された。この点で、協業・共同経営をも育成目標に掲げた1960年フランス農業基本法とは大きく異なっている。ちなみに、わが国の1961年農業基本法は、この点ではフランス農業法に近い。このような事情を考慮すれば、とりわけ保守的でその頑固さで名をはせるバイエルン農民を啓蒙するE・ガイアースベルガーの機械作業斡旋マシーネンリンクの提案のもった政治的意味をより的確に理解できる。

エーリッヒ・ガイアースベルガー(熊代幸雄・石光研二・松浦利明共訳)(1976)『マシーネンリンクによる第三の農民解放』(家の光協会)参照。

なお、マシーネンリンクについてのまとまった研究としては、淡路和則「農業経営の組織化―ドイツのマシーネンリング」(1994)中安定子他『先進国家族経営の発展戦略』(農文協)所収、がある。

7) 前掲、村田武「EUの農村と農業―南ドイツを事例に―」を参照されたい。

Bayerische Landesanstalt für Landwirtschaft (LfL) (2010) *Buchführungsergebnisse des Wirtschaftsjahres 2008/2009*, S.176-77.

1960年に35万2,660を数えたバイエルン州の農業経営は、07年には3分の1以下の11万7,867経営にまで減少した。60年には経営総数の

90.3％を占めた20ha未満の小零細経営31万8,558経営は、中小兼業農家にも社会的存在意義を認めようという「バイエルンの道」をもってしても、07年には25万1,641経営（79.0％）も減少して６万6,917経営になった。ただし、07年でもこの20ha未満経営は経営総数の56.8％を占める。Vgl. Bayerisches Staatsministerium für Landwirtschaft und Forsten, *Bayerischer Agrarbericht 2008*, S.30.
8）「マシーネンリンク・アイプリンク－ミースバッハ－ミュンヘン」については、初出は注４）に示した村田武「EUの農村と農業―南ドイツを事例に―」である。

第2章　ドイツの「エネルギー転換」と農業

1．エネルギー転換

（1）電力自由化

　ドイツでは今世紀に入って、エネルギー生産において再生可能エネルギーへの転換が本格的に進み、「エネルギー転換」（Energiewende）といわれる時代を迎えています。総発電量に占める再生可能エネルギーの割合は、1988年に4.7％に過ぎなかったものが、05年には10.5％、10年には16.4％、そして11年には20.3％になりました。これに対して原発は、東京電力福島第一原発事故の直後に17基中7基（別の1基は07年から停止中）を新たに停止させたことで、発電量の割合は前年の10年の22.4％から、11年には17.7％に低下しています。

　ドイツは2011年7月に原子力法を改正して、遅くとも2022年末までに原発を完全に廃止することを決定しました。2012年に残る9基の原発を運転しているのは、E・ON（エーオン社、本社デュッセルドルフ）、RWE（エルヴェーエー社、1990年までの社名はライン・ヴェストファーレン電力会社、本社エッセン）、EnBW（エネルギー・バーデン・ヴュルテンベルク社、本社カールスルーエ）、VE（バッテンフォール・ヨーロッパ社、本社ベルリン、スウェーデンの大手電力会社の子会社）の大手電力会社4社です。ちなみに、ドイツ最大のグントレミンゲン原発（バイエルン州のバーデン・ヴュルテンベルク州境に近いドナウ川沿いにある）は資本金の75％がRWE、25％がE・ONの所有です。このグントレミンゲン原発（1号機は停止済み）も、2号機（出力134.4万kW）が2017年末、3号機（同じく134.4万kW）が21年末まで

グラーフェンハインフェルト原発（バイエルン州北部）
低気温の冬期には冷却塔から放出される蒸気が目立つ

に停止されることになっています。

　EUが1996年12月に公布した指令96/92号「電力単一市場に関する共通規則」、すなわち電力市場自由化指令がドイツ国内法（1998年）として制定された結果、ドイツにおける電力会社の地域独占が廃止されました。自由化後の競争激化のなかで、当時の8大電力会社の集中合併によって、上の4大電力会社に集約されています。トップのE・ONは、2000年に2大電力会社VEBA（Vereinigte Elektrizitäts-und Bergwerks AG、合同電力鉱山株式会社）とVIAG（Vereinigte Industrieunternehmen AG、合同工業企業株式会社）の合併で生まれています。RWEは、2002年にドルトムントのVIEWを吸収合併しました。EnBWはフランスの電力会社EDFの傘下にあります。VEは、元はHEW（ハンブルク電力会社）であって、ベルリンのBewagと旧東ドイツのVEAGを吸収合併したものの、スウェーデンの公営電力会

4大電力会社の営業エリア（インターネットによる）

社バッテンフォールの傘下に入り、2006年に社名をバッテンフォール・ヨーロッパに変更しています。

　発送電の分離も進んでいます。送電部門の切り離しに抵抗してきた大手電力会社が、カルテル防止法違反を避けるために、また、送電網整備のための巨額投資をきらって高圧送電線の売却に走ったからです。業界トップのE・ONが2009年にオランダの国営送電会社テネットに、業界2位のRWEが11年に送電子会社を銀行子会社・保険会社のコンソーシアムに、バッテンフォール・ヨーロッパ社は10年にベルギーの送電網運営会社とオーストラリアのファンドに売却しています。送電

部門が外国に本社を置く国際企業に担われているのも驚きです[1]。

(2) 伸びる再生可能エネルギー

さて、再生可能エネルギーによる発電量は、2011年には1,020億kWhに達し、うち風力発電が35.9％、バイオマス発電が33％を占めます（図2-1）。

2007年以降は、とくに太陽光発電の伸びが大きいことがわかります。再生可能エネルギー設備への投資額は、2010年には全ドイツで総額266億ユーロに上りますが、そのうち195億ユーロ、74.4％を太陽光発電施設が占めました。以下、風力発電25億ユーロ（9.4％）、バイオマス発電15.5億ユーロ（5.8％）、バイオマス熱エネルギー11.5億ユーロ（4.3％）、太陽熱エネルギー9.5億ユーロ（3.6％）、地熱発電8.5億ユーロ（3.2％）、水力7,000万ユーロ（0.3％）という順でした。

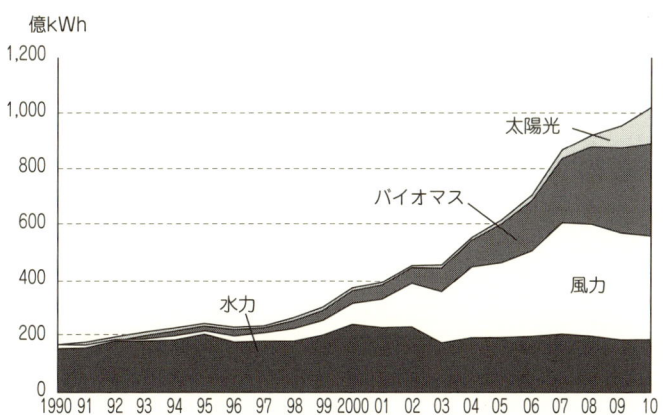

図2-1　ドイツの再生可能エネルギーによる発電量の増加
出所：A. Heissenhuber, Renewable Energy in Germany-Present Situation and Perspectives.
（2011年9月東京でのプレゼンテーション資料）

再生可能エネルギーによる発電量が今世紀に入って急増したのは、2000年に「再生可能エネルギー法」（Erneuerbare-Energien-Gesetz, EEG）が制定されたことが決定的です。1991年制定の「電力供給法」では発電方法に関係なく一律に電気料金の90％の価格で買い取る制度であったために、コストの関係で風力発電しか普及しませんでした。これに対して、EEGでは、風力発電だけでなくあらゆる再生可能エネルギー発電を普及させるために発電設備所有者の総経費が売電収入でまかなえるようにしました。たとえば、コストの高い太陽光発電はコストの低い風力発電より高く買う方式です。そして、さらにこれに弾みをつけたのが、04年同法改正での太陽光発電の買い取り対象規模上限100kWの廃止と買い取り価格の発電規模別設定、さらに09年の再改正でした。再生可能エネルギー発電量が伸びるにしたがって、電力消費への賦課金（サーチャージ）の額が近年大きくなり、09年には一般家庭の平均電気料金97ドル（月当たり）のうちサーチャージ負担額が5.4ドル、サーチャージ単価（kWh当たり）が1.8セントに達して政治問題化するなかで、とくに買い取り単価の高かった太陽光発電の買い取り価格は04年以降引き下げられてきました[2]。

２．バイエルン州南部酪農地帯の戸別バイオガス発電

（１）バイオガス施設

　「再生可能エネルギー法」の固定価格買い取り制度では、2004年に改訂された同法によれば、バイオガス発電については、06年から26年の20年間にわたって、発電出力が500kW以下の小規模発電では１kWh当たり平均21〜23セント、500kWを超える場合には平均16〜19セントという固定価格での買い上げとなっています。

　これを契機に、農村では太陽光発電や風力発電と並んで、家畜糞尿

やエネルギー作物（デントコーン・牧草サイレージなど）を原料とするバイオガス発電施設の設置が進んでいます。さらに09年の再改正では、10年からは熱電併用における熱利用率に最低基準を設定し、熱電併用プレミアムが2セント/kWから3セント/kWに引き上げられました[3]。

　バイオガス発電施設は、2011年末までに、全ドイツでは7,215施設・出力290.4万kW（平均402kW）にまで増えました。その総発電量（2010年）128億kWhは、再生可能エネルギーによる発電量の12.6％をしめます。

　そして、バイオガス発電施設は当初は出力150kWまでの小規模施設がほとんどであったものが、最近年のものは500kWに近い中規模施設が中心となり、さらにそれを超える大型施設も増えてきました。これは、当初は酪農を中心に畜産経営が多く立地する地域での家畜糞尿を原料とする「戸別バイオガス施設」（Hofbiogasanlage）が中心でしたが、近年になって、畜産経営に加えて、副業経営で家畜を飼育しない穀作経営であっても、デントコーンなどをバイオガス原料として供給する「原料供給者」（Substratlieferant）を加えた村（Gemeinde）単位での「協同バイオガス施設」（Gemeinschaftsgasanlage）の設置が進んできたことによります。

　地域別にみると、2011年末で、バイエルン州の2,372基・出力67.4万kW（平均284kW）を筆頭に、ニーダーザクセン州の1,480基、バーデン・ヴュルテンベルク州の822基と、この3州に全国のバイオガス施設の過半数が立地しています。

　ここでは、バイエルン州東南部オーバーバイエルンの酪農地帯での戸別バイオガス発電施設をみます。第3章でみる同州西北部ウンターフランケンでの協同バイオガス発電施設を併せて、ドイツにおける家

族農業経営の農業生産とエネルギー生産の複合による新たな経営展開が研究の焦点です。

　バイエルン州をフィールドにするのは、第1に、同州が全国のバイオガス発電事業の先頭に立ち、2011年の2,372施設は全国の3分の1（32.9％）を占めること、第2に、同州の2007年の農業経営数（農用地規模2ha以上）11万7,900経営は、全国36万6,000経営のこれまた3分の1（32.0％）を占めるのであって、ドイツ、ことに旧西ドイツにおけるバイオガス発電事業の導入にともなう土地利用や農業経営構造の変化をみるには最適であるからです。

（2）オーバーバイエルン酪農地帯の戸別バイオガス発電[4]

　バイエルン州東南部に広がるオーバーバイエルンは、とくにその南部は、ドイツを代表する酪農地帯であって、戸別のバイオガス発電施設の導入が顕著です。ただし、戸別とはいうものの、以下でみる事例は、完全な単一経営事業ではなく、マシーネンリンクが仲介する複数経営の協業事業です。第1章でみたマシーネンリンク・アイプリンク－ミースバッハ－ミュンヘンに紹介してもらった事例です。

1）70頭酪農経営のバイオガス発電事業

　搾乳牛70頭規模の酪農経営レールモーザー家は、経営主（55歳）と17歳の実習生1名（男）との2人の労働力で経営されています。

　経営農用地は72ha（うち借地37ha）であって、そのうち耕地が48ha、草地が24haです。バイエルン州の平均規模が約30haであるので、それに比べれば大きく、中規模上層といったところでしょう。他に林地を29ha所有しています。

　耕地ではデントコーン（サイレージ用トウモロコシ）30ha、小麦

バイエルン州オーバーバイエルンのバイエルンアルプスを望むグリーンツーリズム地帯

　7 ha、冬大麦4 ha、トリティカーレ（Triticale、小麦・ライ麦交雑品種）4 haが栽培されています。
　搾乳牛70頭に加えて、生後5週間から4カ月間育成する肥育用子牛が70頭という経営規模です。これらはいずれもバイエルン州伝来種の「まだら牛」(Fleckvieh) で、ホルスタインより肉質が優れ、肉用としての販売単価が高いために、この品種が選択されています。
　年間の生乳出荷量は555トンといいますから、搾乳牛1頭当たりの平均搾乳量は約7,900kgです。飼料は、自給のデントコーンと牧草のサイレージです。出荷する生乳（平均乳脂肪率4.1％・乳たん白3.5％）の価格は36セント/kgであったといいますから、年間生乳販売額は約20万ユーロといったところです。生乳価格が36セント/kgというのは、わが国の生乳価格の最低水準である北海道加工原料乳価格（補助金付

レールモーザー農場（牛舎のまだら牛）

き）と比べても、その半値の水準です。EUの所得補償直接支払い（約350ユーロ/haで70ha分が２万4,500ユーロ）や条件不利地域対策平衡給付金で農業所得を補てんするにしても、この乳価水準では、いかに自給飼料率を高めても経営は楽ではありません。

　レールモーザー家は隣家（農用地50haで、肥育用子牛300頭規模）とのパートナーシップ型共同法人経営で2001年にバイオガス発電事業を立ち上げました。パートナーシップ型共同法人というのは、ドイツではもっとも簡便で、２人でも立ち上げられる法人組織です。

　牛舎に隣接して設置された750m^{3}の地下埋設型メタン発酵槽が２基と、１基のガス貯留槽（130m^3）、と最大出力150kWのコジェネレーター（熱電併用ガスエンジン）や付属施設に要した初期投資額は75万ユーロにのぼりました。その全額は借入金でまかなったといいます。糞尿は牛舎からベルトとポンプで自動的にメタン発酵槽に投入され、

デントコーンなどのメタンガス原料は、1日に2回、トラクターに装着されたバケットで投入されます。したがって、このバイオガス発電に要する労働力は、ほぼこの原料投入作業に限られます。

ガスエンジンの平均出力は140kWであって、それを動かすメタンガスの発生原料の構成では、30kW（20％強）が牛糞尿、110kW（80％弱）がデントコーンや牧草のサイレージと穀物です。そのうちデントコーンが60kWと過半をしめ、これにサイレージ牧草（30kW分）、小麦・大麦など穀物（15kW分）、さらに未熟ライ麦（残余分）が加わります。未熟ライ麦は、草地の牧草を10月に刈り取った後に播種され、翌年5月に収穫されるものです。固定価格買い取り制で保証された売電から収益をあげるには、バイオガス発電の出力を高めることが必要になります。ところが、畜糞は有機物含有量が少なくメタンの発生量が少ないために、それを補完する原料が必要です。ちなみに、牛糞では1トン当たり17m³、豚糞では45m³のメタン発生量にとどまるのに対し、穀物では320m³、デントコーンサイレージでは106m³、牧草サイレージでは100m³、未熟ライ麦では72m³と、畜糞に大きく勝るメタン発生量です。とくにデントコーンが原料として大きな位置をしめるのは、その単収が1ha当たり45〜50トンと、一般穀物（実取り）の単収（6〜7トン）の6倍も7倍もあるからです。こうして、レールモーザー経営でも、デントコーンの栽培面積が経営農用地の半ば近くをしめるまでになりました[5]。

発電した電力は、E・ON社に23セント/kWhで販売されています。施設のメンテナンス等で年間2週間ほど発電を停止することを計算に入れると、年間の売電額は、140kW×24h×350日×0.23ユーロ＝27万480ユーロになります。生乳販売額20万ユーロの1.35倍に相当します。これは小さくはありません。

メタンガス発生後の消化液は、液肥として両家の農地に散布されます。コジェネレーターから発生する熱は、両家の畜舎や住居の暖房用に使われます。冬期に、灯油暖房が必要なのは、3〜4週間にとどまるといいます。
　バイオガス発電装置の運転経費のほとんどはメタンガス発生原料費であって、原料は共同法人がレールモーザー家と隣家から購入する形式をとっています。
　レールモーザー家の農家所得のうちバイオガス発電から得られる所得は、約35％に達するといいます。こうして、農業（酪農および肉用子牛育成）とバイオガス発電をともに、現在の規模で継続したいというのがレールモーザー家の経営戦略になっています。生乳価格が不安定であり、とりわけ2015年度には生乳生産割当制（生乳クオータ）が廃止されます。現在でも低水準で、今後の乳価の見通しも立たないなかにあって、バイオガス発電事業は20年間にわたって固定価格での買い上げが保証されています。つまり価格保証があるのです。もちろんドイツでの近年のインフレ率は2.4％と、インフレ傾向のなかで、バイオガス発電にかかるコストも将来的には固定価格を上回る可能性も予測されます。しかし、ともかくも小規模バイオガス発電の買い上げ固定価格が21〜23セント/kWhに設定されていることが、新設設備の減価償却、したがって初期投資の回収を保証しており、バイオガス発電事業が中小酪農経営にとってもその生き残りの大きな手段になっているとみてよいでしょう。
　ところが、これはいまひとつEU農政との関わりで新たな問題を生んでいます。バイオガスの補完原料であったはずのデントコーン・サイレージが主原料として家畜糞尿にとって代わるなかで、穀物過剰生産に対処するために粗放的農地利用を求めるCAP（EU共通農業政策）

のクロスコンプライアンスに従って直接支払い（1ha当たり350〜500ユーロに相当する）を受けるのではなく、それを放棄して集約的デントコーン栽培に傾斜する動きが生まれているのです。レールモーザーさんは、EU直接支払いにそれほど関心をしめさなくなっていました。

2）大規模七面鳥経営のバイオガス発電

　モーザー農場（経営主35歳）は、兄と、年間13.5万羽の七面鳥を出荷する共同農場を経営しています。レールモーザー経営が隣家と共同で取り組んだバイオガス発電と同じパートナーシップ型共同法人経営の共同農場です。

　05年にバイオガス発電事業を開始しました。七面鳥糞のメタンガス発生量（1トン当たり82m^3）が牛糞などより高いことに注目したといいます。

　最大発電出力2,200kWのガスエンジンを設置しました。熱出力は1,800kWになります。メタンガス1次発酵槽は6,000m^{3}と巨大な地下埋設型のものが2基、それに2次発酵槽（1万2,000m^3）1基が設置されています。写真でみるとおり、1次メタンガス発酵槽に設置された原料投入バケットは巨大です。一次発酵槽前のデントコーンと牧草のバンカーサイロ（地上に建てる円筒型のタワーサイロではなく、地面を深さ1mほど掘って造るサイロ）は、長さ100m幅15m高さ3mはあろうかというこれまた巨大なものであって、サイレージをカットしてバケットに運ぶのはブルドーザー利用です。初期投資額は500万ユーロにのぼりましたが、そのほとんど自己資金によったといいます。大型七面鳥経営の収益性が高く、蓄積があったのでしょう。

　農場全体で2人の通年雇用と作物収穫期に季節雇用が必要であると

モーザー農場バイオガス施設（原料投入用バケット）

いいます。

　2,200kW出力のガスエンジンを回すバイオガス原料はたいへんな量を必要とし、13.5万羽の七面鳥糞をもってしても35％にとどまるので、デントコーン（40％）、サイレージ牧草（20％）、その他（5％）が補完原料となっています。

　そのために、自作地100haに加えて400haの耕地を借地し、合計500haの耕地で、デントコーン200ha、小麦250ha、ライ麦50haを栽培しています。デントコーンは全量がバイオガス原料となり、小麦とライ麦は七面鳥の飼料にされます。加えて、ライ麦が栽培される50haについては、ライ麦刈取り後に牧草と未熟ライ麦が栽培され、バイオガス原料になっています。この50haについても、未熟ライ麦刈取り後は、デントコーンが作付けされます。

　七面鳥糞に加えてこれだけのバイオガス原料作物が栽培されても、

モーザー農場バイオガス施設（奥に見えるのがデントコーンのバンカーサイロ）

原料の自給率は50％にとどまります。そこで、残り50％分の原料の購入は、近隣15〜20km圏内の多数の協力経営からデントコーンを購入し、それら経営にはバイオガス発生後の消化液を引き取ってもらいます。モーザー氏にいわせれば、資源の「地域循環」ということになります。

　コジェネレーターで発生した熱を利用した90℃の温水が総延長3kmのパイプで運ばれ、住宅や七面鳥舎の暖房と、穀物や木材チップの乾燥に利用されています。

　発電した電力は17〜18セント/kWhで売電されるので、年間売電額は、ほぼ平均出力2,000kW×24時間×350日×0.17〜0.18ユーロ＝約300万ユーロになります。売電額も巨大です。年間の農家所得は七面鳥販売収益とバイオガス売電が半々といいます。モーザー氏が、この七面鳥とバイオガス発電の複合方式で経営規模をさらに拡大したいというのは当然と考えられます。

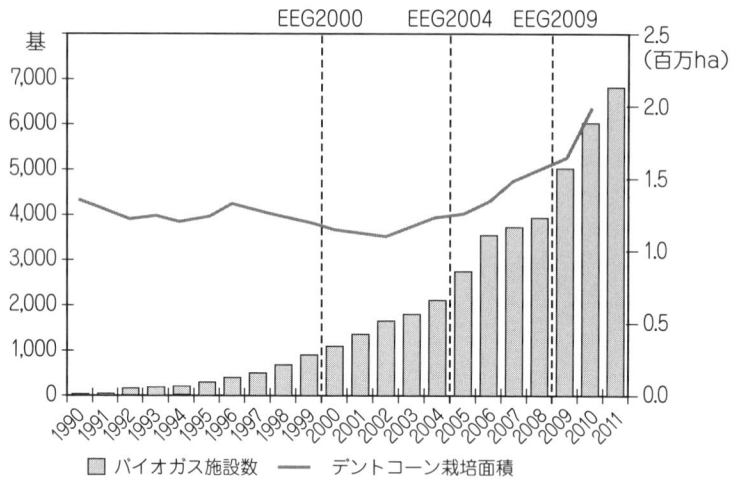

図2-2 ドイツのバイオガス施設数とデントコーン栽培面積

　問題は、バイオガス発電事業が、2026年までの再生可能電力固定価格買い上げが保証され、投資の回収が可能であること、収益性が高いことが、畜産農業地帯で知られるなかで、バイオガス原料のデントコーン栽培農地の確保競争が激化し、借地料も上昇していることです。モーザー氏が支払っている借地料は、バイエルン州の平均借地料250～300ユーロを超えて、500～600ユーロ/haとかなりの高水準です。この2,200kWというモーザー経営の大型バイオガス発電は、畜糞以外に膨大なメタンガス原料を必要とし、デントコーン需要の高まりが、単収が高いだけに化学肥料の多投を要求するデントコーン作付けの増加と草地の借地規模の拡大につながっているのです。図2-2にみられるとおり、バイオガス発電施設が、とくに2005年以降の倍増にともなって、120万ha台にあったデントコーン栽培面積がほぼ200万haへ、約80万ha増加しています。この増加分は、そのほぼ100％が牛の飼料ではなくバイオガス原料用のものと考えられます[6]。

注
1）熊谷徹（2012）『脱原発を決めたドイツの挑戦』（角川SSC新書）参照。
　　2012年12月6日のフランクフルト発時事通信は、「ドイツ北部で送電網を運営するオランダ国営企業のテネットや、ノルウェー国営送電企業のスタットネットなどは、4日、ドイツとノルウェーの間の北海に、送電用の高圧海底ケーブル（送電能力140万kW）を敷設することで基本合意したと発表した」と報じている。両国間で、再生可能エネルギーからのエコ電力を総合融通することに活用し、ドイツからは太陽光発電による電力を、ノルウェーからは水力発電による電力を送り、エコ電力供給の不安定要因を減らす。2014年の最終合意と、18年の着工をめざすという（投資額は最大20億ユーロ）。「しんぶん赤旗」2012年12月7日参照。
2）梶山恵司「グリーン成長戦略とは何か」『世界』2013年2月号。
3）ドイツの「再生可能エネルギー法」については、その改定内容の要因を含めて、以下にくわしい。梅津一孝・竹内良曜・岩波道生「先進国におけるバイオガスプラントの利用形態に学ぶ～北海道における再生可能エネルギーの利用促進に関する共同調査報告書～」独立行政法人農畜産業振興機構『畜産の情報』2013年6月号所収。
　　それによれば、2000年4月に施行されEEG法は、2004年8月と2009年1月の全面改正を経て、2012年1月の一部改正により最終版となっている。改正の要点は、ひとつは当初は作付面積の拡大に向けて振興対象であったエネルギー作物の拡大を抑制する方向に転じたこと、いまひとつは変化する経済諸情勢に対応して、各種のプレミアムを変更・新設してきたことなどが挙げられる。
　　エネルギー作物は、バイオガス施設の原料とするために栽培されるトウモロコシ（サイレージ用のデントコーン）、小麦、甜菜であって、2004年8月のEEG法改正により、これらエネルギー作物の利用に対して買電価格の上乗せ（プレミアム）が導入され、04年以降エネルギー作物に依存したバイオガス施設が急増し、エネルギー作物の作付面積が急速に増加することとなった。ところがエネルギー作物の作付け急増によって、地域の輪作体系に歪みが発生したり、借地料の上昇によって、他作物の収益性が圧迫されるなどの弊害も顕在化した。このため、2012年EEG法においては、エネルギー作物を原料とする場合には、原料に占める割合が60％未満の場合に限ってプレミアムが支払われるように改正され、エネルギー作物の作付け拡大に歯止めがかけられた。

また、買電価格の設定方法を見直し、施設の規模によって買電価格を変化させたこと、エネルギー作物を原料とする場合（カテゴリーⅠ）と家畜糞尿などを原料とする場合（カテゴリーⅡ）とに分けてプレミアムを設定したことなどがその特徴となっている（図参照）。

　さらに、2012年の改正では、①発電と同時に発生する廃熱の利用を促進するためプレミアムは廃止したが、廃熱利用の要件を残したまま、基本価格に2セント/kWhの上乗せ、②天然ガス網への接続を奨励するプレミアムの設定、③太陽光、風力など不安定な再生可能エネルギーを補完するために、始動や停止が容易なメタンガス施設の容量を増設した場合のプレミアムの設定などが行われている。

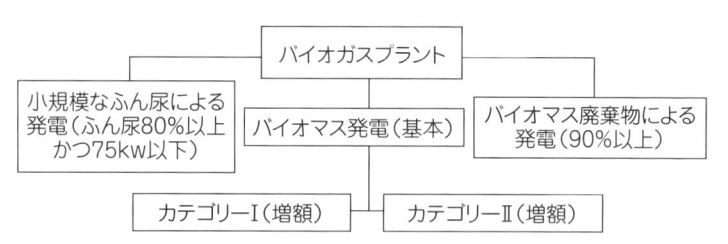

```
                    ┌─────────────────┐
                    │  バイオガスプラント  │
                    └─────────────────┘
         ┌──────────────┼──────────────┐
┌─────────────┐  ┌─────────────┐  ┌──────────────┐
│ 小規模なふん尿│  │バイオマス発電│  │バイオマス廃棄物│
│ による発電   │  │   （基本）   │  │ による発電    │
│（ふん尿80%以上│  │              │  │（90%以上）    │
│ かつ75kw以下）│  │              │  │              │
└─────────────┘  └─────────────┘  └──────────────┘
                  ┌────┴────┐
           ┌──────────────┐ ┌──────────────┐
           │カテゴリーⅠ（増額）│ │カテゴリーⅡ（増額）│
           └──────────────┘ └──────────────┘
```

EEG法2012（2012年1月改正・施行）における売電価格　　　　　　　　　単位：セント/kWh

	補償金額（基本）[第27条第1項]	カテゴリーⅠ（増額）1)[同条第2項第1号]	カテゴリーⅡ（増額）2)[同条第2項第1号]	バイオマス廃棄物3)[第27条C]	天然ガス処理ボーナス[第27条C]
75kW以下	25セント/kWh	ふん尿80%以上かつ75kW以下			3セント/kWh
75〜150kW	14.3	6.0	8.0	16.0	(1m³/h以下の場合)
150〜500kW	12.3	6.0	8.0	16.0	2セント/kWh
500〜750kW	11.0	5.0/2.5 4)	8.0/6.0 5)	14.0	(1,000m³/h以下の場合)
750〜5,000kW	11.0	4.0/2.5 4)	8.0/6.0 5)	14.0	1セント/kWh
5,000〜20,000kW	6.0	0.0	0.0	14.0	(1,400m³/h以下の場合)

図　2012年EEG法における買電価格

注：1）カテゴリーⅠは、デントコーン、小麦、甜菜（「エネルギー作物」と総称。）が60％未満の場合に加算。
　　2）カテゴリーⅡは、それ以外のバイオマスプラントの原料。食品廃棄物・糞尿・敷料・植物残渣、自然景観の維持のために刈り取った芝などが60％以上の場合に加算。
　　3）生分解可能な廃棄物及び混合一般廃棄物。
　　4）樹皮又は森林残材の場合。
　　5）特定のふん尿の場合。

4）このオーバーバイエルン酪農地帯の戸別バイオガス発電についての初出は前掲村田武・渡邉信夫編『脱原発・再生可能エネルギーとふるさと再生』の第4章「ドイツにみる再生可能エネルギーと農業・農村」（村田武・酒井富夫・板橋衛共同執筆）である。

5) なお、ドイツにおけるデントコーンおよび実取りトウモロコシの収量については、「ドイツ・トウモロコシ委員会」(Deutsches Maiskomitee e.V., DMK) が、州別の平均値を発表している。それによればバイエルン州は全ドイツでも最高水準の収量であって、デントコーンは2010年46.6トン、11年54.2トン、実取りトウモロコシは10年9.2トン、11年10.8トンであった。西南ドイツの各州はバイエルン州並みないしそれに近い収量を上げているのに対し、旧東ドイツ諸州はデントコーンは30～40トンレベル、実取りトウモロコシは7～9トンレベルと収量は落ちる。最北のシュレスヴィヒ・ホルシュタイン州のトウモロコシ栽培はデントコーンに限られる。DMK, Durchschnittsertrag für Silomais/Körnermais CCM in Deutschland,（インターネット）参照。
6) ちなみに、このような傾向は、ドイツでの再生可能原料作物（die nachwachsenden Rohstoffen）の栽培面積が大きく伸びてほぼ230万haにまでになっていることと符合する。工業原料作物（Indutriepflanzen）が合計31.7万ha（うちデンプン原料作物が16.5万ha、油脂作物が13.1万ha）と作付けは停滞しているのに対し、エネルギー作物（Energiepflanzen）は、バイオディーゼル・油脂用のナタネが91.0万ha、バイオガス原料作物が80.0万ha、さらにバイオエタノール製造用の砂糖・デンプン作物が25.0万haになっている。Fachagentur Nachwachsende Rohstoffe（FNR）のインターネット資料による。

第3章　エネルギー協同組合とバイオガス発電

1．再生可能エネルギー協同組合の設立運動

　さて、ドイツにおける脱原発と再生可能エネルギー拡大戦略は、とくに2008年に始まる世界同時不況のもとで、農村の再生と関わって新たな展開をみせるようになりました。エネルギー生産用に農村の土地を、誰がどのように活かすかが争点になったからです。

　再生可能エネルギー法の固定価格買い取り制度が安定した収益を保証することに目を付けた大手電力会社や多数の村外企業が、太陽光発電（メガソーラー）や風力発電施設、バイオマス発電施設などの設置のために、農村での土地取得に乗り出しました。農村住民は、農村が食料生産に加えてエネルギー生産の潜在力を持つことにまずは気づかされ、次いで地域のエネルギー資源をみすみす域外企業に売り渡すのはもったいないではないかという意識が広がったのです。また、とくに酪農地帯では、畜糞を原料とする畜産経営のバイオガス発電事業が、追加原料確保のためにデントコーン栽培用の農地確保競争を激化させ、輪作を放棄しての、また草地でのデントコーン栽培の異常な拡大につながる事態を生み出したことも批判的な議論にさらされることになりました。

　そして、域外企業に対抗して地域エネルギー資源を住民の財産として活かしたいという願いや、エネルギー原料としてのデントコーン栽培の異常な拡大を克服することを具体的に実現する方法として着目されたのが、再生可能エネルギー協同組合を住民出資で立ち上げることでした。こうして、今、ドイツで新しく立ちあげられている協同組合

ドイツ農業と「エネルギー転換」 47

の半ばは、農村での再生可能エネルギー協同組合です。主として市民・村民の出資で、ライファイゼンバンクなど地域協同組合金融機関が融資するコミュニティ（自治体）所有による太陽光発電や風力発電、さらにバイオマス熱供給、バイオガス発電を行うドイツ協同組合法による登録法人としてのエネルギー協同組合の設立がブームになっているのです。

　新たに設立・登録されたエネルギー協同組合は、太陽光発電組合、風力発電、さらにバイオガス発電など、2011年末で393組合を数えます。州別には、バイエルン州がトップで108（27.5％）、これに西隣のバーデン・ヴュルテンベルク州（第3位）の69（24.4％）を加えると南ドイツの2州で半ばを占めます。以下、ニーダーザクセン州（第2位）75、ノルトライン・ヴェストファーレン州40、ヘッセン州23、シュレスヴィッヒ・ホルシュタイン州11、ラインラント・ファルツ州とザクセン・アンハルト州6、ベルリン市とブランデンブルク州、ザクセン州、チューリンゲン州5、ブレーメン市とザールラント州3、ハンブルク市とメクレンブルク・フォアポンメルン州1組合となっています。日射量に恵まれた南ドイツが太陽光発電で優位にたっているのは当然ですが、日射量に恵まれない北ドイツでも太陽光発電協同組合が設立されているのは、明らかに再生可能エネルギー法による電力の高価格固定買い取り制度があってのことです。

　なお、エネルギー協同組合設立で全国をリードするバイエルン州のエネルギー協同組合108組合のうち、2006年以降に設立された組合は68組合であって、うち30組合は太陽光発電、20組合は熱供給、9組合はバイオガス発電、8組合は複合エネルギー供給です[1]。

　そして、再生可能エネルギーの地域供給をめざす「100％再生可能エネルギー地域」づくり運動が農村を先頭に始まっています。エネル

ギー生産を遠隔地の大電力会社から地域に取り戻すことで、エネルギー生産から得られる利益を地域が獲得できること、また地域企業によるエネルギー供給の拡大を通じて、エネルギー供給の地域自治体による「再公有化」という方向もありうるとされたのです。そして、この農村における「100％再生可能エネルギー地域」づくり運動を担う組織として一躍脚光を浴びたのがエネルギー協同組合だったのです。ここに今回のエネルギー協同組合設立運動の意義があります。

　なお、ドイツにおいてエネルギー協同組合の設立がブームを迎えたのは今回が初めてではありません。20世紀初頭の農村電化を担ったのは、発電・配電協同組合でした。たとえばバイエルン州では1909年以降に42の電力協同組合が設立され、組合員総数は1万人余り、職員は281人を数えたといいます。第一次世界大戦直後の1919年には第二次設立ブームを迎え全国で1,030組合を数えました。ワイマル共和国時代の1930年には5,841組合にもなっています。ヒトラー・ファシズム期には公有化されて急減したものの、第二次世界大戦後の復興期の1948年では522組合が残っていたとされ、その後20世紀末では4,500余りの電力協同組合があり、その大半は農村にあったのです[2]。

２．バイエルン州のバイオガス発電

　2000年に施行された再生可能エネルギー法の固定価格買い取り制度では、バイオガス発電については、第2章の注3)でみたように、固定価格は、基本額に加えて、メタン発酵の追加原料がカテゴリーⅠの場合は出力150kWh未満の場合は6セント/kWh、カテゴリーⅡの場合は同じく8セント/kWhがプレミアムとして上乗せされます。原料が畜糞だけの場合は出力150〜500kWhの場合は16セントが上乗せされます。出力が75kWh未満の場合は、一律に25セントの買い取り価

格です。そして、メタン発酵追加原料のカテゴリーⅠには、デントコーン・サイレージ（1トン当たりのメタン発生量106m^3）、ホールクロップ穀物（同103m^3）、穀物（同320m^3）、トウモロコシ（同324m^3）、などメタン発生量の多い原料が含まれます。カテゴリーⅡには牛糞（同53m^3）、牛尿（同17m^3）、豚糞（45m^3）、豚尿（同12m^3）、鶏糞（同82m^3）、馬糞（同35m^3）、豆科牧草（同86m^3）、ナタネ（同70m^3）、ワラ（同161m^3）などが区分されています。家畜糞尿の利用を、プレミアムの上乗せで推奨しようというものでしょう。

さて、バイエルン州におけるバイオガス発電は、2011年末には、州別では全国で最も多い2,372施設・出力合計67.4万kWに達しています。出力では原発1基分に相当します。

州内の地域別（行政管区別、第1章の地図参照）には、オーバーバイエルンの596施設・出力合計14.3万kW（1施設平均240kW）、シュヴァーベンの528施設・同15.4万kW（同292kW）、ニーダーバイエルンの361施設・同9.4万kW（同260kW）など畜産とくに酪農の主産地を先頭に、オーバープファルツ266施設・同8.4万kW（同316kW）、オーバーフランケン193施設・同4.5万kW（同233kW）、ミッテルフランケン338施設・同11.9万kW（同352kW）、ウンターフランケン90施設・同3.5万kW（同389kW）と続いています。

ちなみに、ウンターフランケン地方の最北端に位置するレーン・グラプフェルト郡は同じ2011年末に10施設・同6,000kW（同600kW）を数えます。ウンターフランケン、そしてレーン・グラプフェルト郡の1施設当たりの出力が大きいのは、戸別バイオガス施設よりも、協同組合方式などで畜産経営と穀作経営が数十戸単位で立ち上げる協同施設が中心になっているからです。この協同バイオガス施設に穀作経営が参加するのは、メタン発酵原料作物デントコーンの追加供給が期待

されるからであって、つまりメタン発酵原料供給者としての参加が可能だからです。

　以下では、南ドイツ・バイエルン州最北部のウンターフランケン地方にあって、ライファイゼン・エネルギー協同組合づくりで知られるレーン・グラプフェルト郡における協同バイオガス発電事業の取組みをみます[3)]。

3．レーン・グラプフェルト郡の再生可能エネルギーの取組み

（1）農業者同盟とマシーネンリンクによる「アグロクラフト社」の設立

　レーン・グラプフェルト郡は面積1,022km^{2}であって、東京都2,188km^{2}の半分弱、沖縄本島1,204km^{2}を少し小さくした広さです。郡内北部にはヘッセン州とチューリンゲン州にまたがるユネスコ認定の「レーン自然保護区」が広がっています。

　郡の人口は8.7万人、人口密度は85人／km^{2}にとどまります。郡都バート・ノイシュタット市の人口も1万5,800人です。郡内の市町村（Gemeinde）は37、うち市は6市。農地面積は5万570haと郡面積のほぼ5割を占めます。ドイツ中部山地の穀作＋畜産（繁殖牛等）の複合農業地帯であり、小規模経営の多い農業地帯です。1,464経営を数える農業経営のうち主業経営は318経営（21.7％）、その平均経営規模は97haであって、残りの1,146経営（78.3％）は副業経営で平均17haです。

　G・ブロームの分類する「ドイツ農業の主要栽培地帯」では、バイエルン州は、その第2地帯であるアルプス北麓と中部山地の高標高地（海抜600m以上）の草地地域であって、その農業条件は、第5地帯―黒色土壌が広がるマグデブルク沃野が典型地域であって、優れた小

麦・甜菜土壌をもち甜菜・穀作経営が主要経営方式である—に比べると、ずっと劣ります。年平均気温が低く、無霜期間が150日にまで短くなることもまれではなく、したがって植生期間が短い。肥沃度に劣る浅い風化土壌であること、さらに傾斜のかかった地勢と零細分散圃場であるために、草地・耕地の集約的利用でも不利である、とされてきました。ここでとりあげる地域は、まさにこの第2地帯の典型的農業条件にあります。なお、第2章でみたオーバーバイエルンについては、アルゴイ地方に連なる第2地帯では例外的な「生産性の高い草地経営」のみられる地域に位置づけられるものでした[4]。

ところが、農業条件としては恵まれないこのウンターフランケンのレーン・グラプフェルト郡も、風力、太陽光、畜産・森林バイオマス等の再生可能エネルギー資源では宝庫であったのです。そのために、資金力のある大企業・外国コンサルタント会社等による風力や太陽光の囲い込みのための土地購入が今世紀になって活発になってきました。

そして、このレーン・グラプフェルト郡が広く注目されているのは、F・W・ライファイゼンが、19世紀半ばに「村のお金を村に」(Das Geld des Dorfes dem Dorfe!)というスローガンにもとづいて農村信用組合を立ち上げたドイツ協同組合運動の原点そのままに、村々にライファイゼン名称のエネルギー協同組合を立ち上げることで、再生可能エネルギーの開発をめぐって、域外企業の参入に効果的に対抗してきたからです。

それを可能にしたのが、再生可能エネルギー事業の立ち上げに関わるコンサルタント業務ができる組織が不可欠なことを、バイエルン州農業者同盟（Bayerischer Bauernverband）レーン・グラプフェルト郡支部のトップのふたり、M・ディーステル氏とM・クレッフェル氏が見抜いたことでした。

この二人のリードで、バイエルン州農業者同盟郡支部と同郡のマシーネンリンク（Maschinen-und Betriebshilfsring Rhön-Grabfeld e.V.）が、2006年に、50％ずつの出資で有限会社アグロクラフト社（Agrokraft GmbH）を設立しました。郡都バート・ノイシュタットにある両組織が同居する建物に本社を置き、理事長はマシーネンリンク専務のK・エルツェンバック氏、専務がM・ディーステル氏とM・クレッフェル氏です。

　アグロクラフト社の業務は、再生可能エネルギー分野で市町村それぞれ独自のプロジェクトの構想・提案、事業の具体化・改善に関わるコンサルタント業務です。すでに、太陽光発電では2社、熱供給では3社、バイオガス発電では5社（6工場）の立上げ、F・W・ライファイゼン・エネルギー協同組合23組合の設立を支援した実績があります。

　以下では、アグロクラフト社の指導で、郡内で第1号のF・W・ライファイゼン・エネルギー協同組合を立ち上げた村であるグロスバールドルフをみます。

（2）グロスバールドルフにおける7年間のエネルギー転換

古い歴史をもつグロスバールドルフの農業

　グロスバールドルフ（Großbardorf）は西暦789年創設とされる古い歴史をもつ村です。250戸、950人が住むバイエルン州北部フランケン地方の典型的な塊村型の農村集落です。総土地面積1,600haのうち、農地が1,300ha（うち耕地が70％）、林地が300haを占めます。

　興味深いことに、エネルギー生産に関しては、戦前1921年に、村のカトリック教会の司祭をリーダーとする風力発電組合が設立された歴史をもっています。

グロスバールドルフ

　村の農業経営は1955年には125経営を数え、その平均経営規模は10〜12haであったといいます。ところが現在ではわずか14経営にまで減少し、主業経営が7経営（経営規模130ha〜200ha）、副業経営が同じく7経営（経営規模20〜50ha）という農業構造に変貌を遂げています。離農した農家の大半は、村内に立地する自動車部品工場や近郊都市（15kmで郡都バート・ノイシュタット、30kmでシュバインフルト）への通勤労働者になっています。主業経営は主として穀物専作経営で、大型養豚経営が1戸あります。それがアグロクラフト社の専務のひとりM・クレッフェル氏の養豚経営です。クレッフェル農場は130ha、肉豚出荷2,500頭/年の規模です。酪農経営は、乳価下落のなかで、村内ではなくなりました。もともと甜菜栽培地帯ではなかったのですが、近くにあった製糖工場の撤退にともなって、村から甜菜も

消えました。その結果、作付け順序はトウモロコシ（主にサイレージ用デントコーン）─冬大麦─小麦という穀物3年輪作を基本とし、間作に緑肥作物としてのナタネが入ります。副業経営はすべて穀物専作です。

　古くからの分散錯圃は1987年に開始された耕地整理事業で解消され、1圃場当たり1～5haの農地にほぼ団地化されています。ドイツでは、1950年代に耕地整理事業が始まっていますが、この地域ではそれほど早くなかったのです。

再生可能エネルギーによる村づくり

　アグロクラフト社の提案に機敏に反応したのは、デーマー村長でした。デーマー村長（58歳）は、1期6年の村長職に1996年以来選ばれており、もっか3期目で意欲的な村政を行っています。グロスバールドルフ村長職は無報酬ですが、同氏は、アグロクラフト社の指導で隣村シュトロイタールに立ち上げられたバイオガス発電施設アグロクラフト・シュトロイタール有限会社の専務だということです。面白いこともあるものです。

　以下、グロスバールドルフでの再生可能エネルギー生産の取組みを、時間を追ってみていきます。

プロジェクト─1（村民太陽光発電）

　アグロクラフト社の企画提案で最初に設置されたのが、村営の太陽光発電事業でした。この村の再生可能エネルギー事業が、太陽光発電から始まったのは、この村への域外企業の最初のアプローチがスペインの太陽光発電会社であって、「なぜスペイン人なのか」ということになり、自分たちで投資しようということになったのだといいます。

2005年に第1次900kW、07年に第2次900kWの計画で、用地8ha（隣接する離農者からの地代600ユーロ/haの借地）にソーラーパネルを並べ、出力合計1,919kW（実績1,800kW）の太陽光発電設備になりました。電力は35セント/kWh（20年間保証）でE・ON社に売却されています。初期投資額760万ユーロのうち100万ユーロは村民100人が1株2,000ユーロで500株の出資でまかない、残り660万ユーロは、郡内にあるライファイゼンバンク（ライファイゼン農村信用組合系の協同組合信用金庫）やフォルクスバンク（シュルツェ・デーリッチュ商工業者信用組合系の協同組合信用金庫）などから借り入れました。施設整備の公的な補助金はありませんでした。事業は順調で、出資者への配当金は年8〜9％に達しています。太陽光パネルは、固定価格での買い上げ期間である20年を待たず、更新する予定だといいます。パネルの改良が進んで、低コストでの導入の可能性があることによります。現在のものは出力1kW当たり2,015ユーロの設備コストがかかりましたが、わずか200ユーロ/kWでの新規導入が可能だといいます。

　さらに、ソーラーパネルの下での養鶏を事業化したいとしています。これまでは雛鳥の5割が野鳥に襲われるために、鶏舎から15m程度の範囲でしか飼えなかったものが、パネルがあれば野鳥の襲撃を相当防げると考えられるからだといいます。

F・W・ライファイゼン・エネルギー・グロスバールドルフ協同組合の設立

　アグロクラフト社の指導のもと、2009年11月、設立組合員40名でF・W・ライファイゼン・エネルギー・グロスバールドルフ協同組合が設立されました。

　ライファイゼン名称のエネルギー協同組合を、村（Gemeinde）単位に設立しようというのはアグロクラフト社の提案でした。そこには、

以下のような意味が込められていたといいます。

　第１に、再生可能エネルギー事業は、再生可能エネルギー法の20年間固定価格買い取り制度で確実に収益が得られますが、すぐこの後に見るバイオガス発電事業のように、バイオガス原料の供給が可能な農家だけしか参加できない事業は、農家だけに確実な配当金をもたらすわけで、それは非農家のねたみを買いかねません。ところがバイオガス発電以外の再生可能エネルギーは、バイオガス発電の廃熱利用でも、太陽光発電等でも、それらの事業への参加は村民に開放できます。したがって、村民が自由に出資できる協同組合方式がよいのです。

　第２に、ところで、この地域のすぐ東北は旧東ドイツのチューリンゲン州であり、ほんの20数年前までは、社会主義集団農場がソ連のコルホーズ型の「農業生産協同組合」（Landwirtschaftliche Produktionsgenossenschaft, LPG）を名乗った歴史があるだけに、「協同組合」（Genossenschaft）に対しては村民にアレルギーが残っていました。しかし、協同組合には、イギリスのロバート・オウエンからロッチデール公正開拓者組合にいたる労働者の社会主義的協同組合運動と並んで、ドイツには、同じく19世紀なかばの、プロテスタントの牧師でいくつもの村の村長であったF・W・ライファイゼンの農村信用組合という協同組合づくりが、「一人は万人のために、万人は一人のために」、「一人ではやれないことも、たくさんで取り組めばやれる」という理念にもとづいて、村ごとに展開された歴史があるではないか。われわれは、これに学ぼうではないかということだったといいます。

　デーマー村長は、アグロクラフト社のこの提案を積極的に受け入れ、村民を説得しました。

　設立組合員は40名、出資金は１人100ユーロ、出資総額は4,000ユーロで、出資者は村民250戸の16％と２割に達しませんでした。しかし、

設立3年後の2012年には、組合員は154名（62％）、出資金総額は62万1,600ユーロになっています。

グロスバールドルフにおける再生可能エネルギー事業の取組みは、これ以降、アグロクラフト社とこの協同組合の連携による取組みになっていきます。

プロジェクト―2（村営サッカー場観客席太陽光発電事業）

村にはサッカーのバイエルンリーグの第4リーグに所属するチームがあります。2009年から10年にかけて、サッカー協会の会員38名（1株2,000ユーロ）に出資してもらい、サッカー場の観客席に、8万ユーロをかけて屋根を張り、その上に出力125kWのソーラーパネルを張りました。総事業費は49.1万ユーロ、うち自己資本14万ユーロ。この取組みは、出資者がいて利益を得るのではなく、社会的意義をもつ社会的協同体のモデルだと考えられています。人口950人の村に、サッカーのリーグ戦に4,500人の観客が入ったことがあるといいます。

プロジェクト―3（村倉庫太陽光発電事業）

2010年に村の倉庫の屋根にソーラーパネル（出力15kW）を総事業費4.7万ユーロ、村民8名の出資（1株2,000ユーロ、計1.6万ユーロ）で建設しました。

プロジェクト―4（バイオガス発電事業）

2011年11月に、バイオガス発電事業のために有限会社アグロクラフト・グロスバールドルフ社が設立されました。これについては、次節でくわしく検討します。

プロジェクト—5（バイオガス発電施設屋根利用太陽光発電事業）

　2011年にプロジェクト—4のバイオガス発電施設の建物の屋根に、出力96kWのソーラーパネルを設置する事業を立ち上げました。初期投資額19.2万ユーロのうち、7.8万ユーロは村民13名の出資金によります。

プロジェクト—6（地域暖房システム事業）

　プロジェクト—4のバイオガス発電のコジェネレーターで生み出される熱は680kWです。この廃熱を利用しての温水（90℃以上）を村内に供給する事業が、村協同組合の事業として2010年から12年にかけて立ち上げられました。

　デントコーン・サイレージを原料とするバイオガス発電事業が農業生産者の事業、すなわち「農業者協同体」（Bauerngemeinschaft）であり、その収益は農業者への配当源となります。出資者（エネルギー原料供給義務者）は農業者に限定されるところから、アグロクラフト・グロスバールドルフ有限会社による事業とされたのに対し、この廃熱利用の地域暖房システム事業は、村民が広く利益を受けるところから、村民すべてに開放された協同組合事業として立ち上げられたところに特徴があります。

　温水需要は冬季の最大期を想定しています。燃料はメタンガスの他に、木材チップと重油のバックアップを持ちます。バックアップを活用するのは特別に寒い時だといいます。通年で80％がメタンガスのコジェネレーター、12％が木材チップ、8％が重油です。なお、熱需要の少ない夏期の利用をどうするかが課題であって、発電事業者であるアグロクラフト・グロスバールドルフ有限会社としては、夏期にも冬季の最低80％の熱需要を確保するために穀物乾燥施設での利用に加え

給湯用ボイラー

て、トマト温室、魚類養殖場（ドイツの魚自給率は12％）などでの利用を考えていきたいとのことでした。

　温水供給をしているのは121件で、この中には自動車部品工場も含まれます。暖房設備がまだ新しい住民の参加は、その灯油ボイラーが更新期を迎えてからになります。

　各家に総延長6kmの配管が延びています。90～95度の温水が供給され、65度で戻ってくるといいます。この村の温水供給システムは、温水を台所や風呂でも使うのではなく、暖房用に熱だけを取り出して使ってもらう方式です。地域暖房システムの利点は、配管を接続する経費が安いことで、通常の暖房施設だと1万5,000ユーロかかるのが、システム接続は5,500ユーロでできるといいます。

　村民に対しては、低価格の温水供給が主眼です。1リットルの灯油

価格75セントとほぼ同水準の9セント/kWhで10年間固定しています。これは、灯油は価格が上がるが、温水価格は上げないということで、村民に利益を還元するのだということです。9セントの内訳は、温水が5セント、配管費（30年間で減価償却）が4セントとされています。

2005年から7年間のグロスバールドルフの「エネルギー転換」

　こうしてグロスバールドルフでは、2005年以降、大きなエネルギー転換が進むことになりました。2011年までの再生可能エネルギー生産施設への投資額は、①村民太陽光発電事業（2005/07年）に760万ユーロ、②村営サッカー場観客席太陽光発電事業（2009年）に49.1万ユーロ、③村倉庫太陽光発電事業（2010年）に4.7万ユーロ、④バイオガス発電事業（2011年）に370万ユーロ、⑤バイオガス発電施設屋根利用太陽光発電事業（2011年）に19.2万ユーロ、⑥地域暖房システム事業（2011/12年）に300万ユーロなど、合計1,503万ユーロに達します。人口950人の村にとっては、この投資はなかなかのものです。

　これらの再生可能エネルギー生産施設により、2011年には760万kWhの電力が生産されており、これは村内電力消費量160万kWhの何と475％に及びます。熱エネルギー生産では288万kWhで、これは村内熱エネルギー消費量320万kWhの90％の自給率です。本村が「100％再生可能エネルギー地域」づくり運動の先進例のひとつとされるゆえんです。

　なお、アグロクラフト社専務のM・ディーステル氏によれば、グロスバールドルフのエネルギー転換で生み出された価値は、①再生可能エネルギー施設の建設での地元企業への発注が400万ユーロ、②再生可能エネルギー施設の減価償却額合計（年）200万ユーロ、③バイオガス施設から発生する消化液（液肥）（年）400万ユーロ相当、④村租

税収入（年）6万ユーロ、⑤バイオガス施設での恒常的就業機会2人です。

さらに、グロスバールドルフの村長と村議会の意欲的な村政が発揮されたのは、このエネルギー転換と村民の居住環境・景観の改善とを結びつけたことにあります。「農村改造」として、農家住宅の改築・改装、道路の拡幅・舗装、エネルギー供給の主力として温水配管の地下埋設をうまく結びつけたのです。これが上述のF・W・ライファイゼン・エネルギー・グロスバールドルフ協同組合の事業としての、村民の自由な参加によるプロジェクト―6（地域暖房システム事業）でした。

「グロスバールドルフおよびその周辺地域には経済全体に多面的な効果として年間350万ユーロ相当の追加的価値がもたらされている。既存の就業機会の安定性が増し、さらに増加の可能性があり、若い世代に彼らの故郷の村に将来性のあることを感じさせることができる。」これが、ディーステル氏のグロスバールドルフでの再生可能エネルギー事業についての総括でした。「既存の就業機会の安定性が増した」ことの背景には、2007年に村内に進出した自動車部品工場（140人雇用）が地域暖房システムに参加し、暖房費7,500ユーロ/年の節約になったとされ、経営安定につながったことがあるようです。

「若い世代に彼らの故郷の村に将来性のあることを感じさせることができる」というのも、「100％再生可能エネルギー地域づくり」のめざすものを語っていると考えられます。

4．バイオガス発電事業

（1）アグロクラフト・グロスバールドルフ有限会社

ウンターフランケン地方の最北端に位置するレーン・グラプフェル

グロスバールドルフのバイオガス発電施設

ト郡のバイオガス発電施設は、2011年末に10施設で発電出力は合計6,000kWに達します。1施設当たりの出力が平均600kWと大きいのは、郡内の施設が畜産経営と穀作経営が数十戸単位で協同して立ち上げる施設が大半だからです。協同バイオガス施設に穀作経営が参加するのは、すでにみたようにメタン発酵原料作物デントコーンの追加供給が期待されるからであって、つまりメタン発酵原料供給者としての参加です。

2011年11月に、グロスバールドルフにバイオガス発電施設「アグロクラフト・グロスバールドルフ有限会社」(Agrokraft-Großbardorf GmbH)が設立されました。初期投資額は370万ユーロで、コジェネレーターによる発電は625kW、熱供給量は680kWの規模です。

有限会社方式で村内の14経営を含めて、村外の半径8km圏内の合

計44経営の農業者が参加しています。参加の要件は、1株2,400ユーロの出資に対応して、1ha分デントコーン（45～50トン）を1トン当たり35ユーロという有償でバイオガス施設に供給する義務を負うという方式です。

44経営の出資総株は250株であるので、デントコーン栽培面積は村内の50haに加えて合計250haに相当します。ところが実際には、養豚経営1経営と酪農経営4経営（乳牛頭数は60～80頭規模）の参加（出資株数合計70株）があるので、デントコーンは180ha分（計8,100～9,000トン）で、残りの70ha分は1ha当たり300m³の畜糞（計2万1,000m³）——1トン（ほぼ1m³）当たり4.50ユーロの有償——がバイオガス原料として供給されています。デントコーンや畜糞のバイオガス施設への運搬は、参加農家が行います。

2基の1次発酵槽によるメタン発酵で25％濃度のメタンが生成され、さらに2次発酵槽1基で90％以上の濃度に高められます。発酵槽の温度は50℃に維持されています。消化液（液肥）は、参加経営の農地にその出資高に応じて戻します。散布時期は、「バイエルン州農業環境景観保全プログラム」（KULAP）で規制されているので、施設で貯留しておくという方式です。

発酵槽には併設したバケットからデントコーン・サイレージ22.3トンと畜糞6トンが、毎日投入されます。作業は従業員2名が担当します。大型のバンカーサイロ3基で総量1万トンに近いデントコーンを発酵させています。施設のメンテナンスは、この施設のメーカーであるドイツ最大のバイオガス発電施設メーカーMTエネルギー社と提携して行われています。

デントコーンの栽培面積は180haであるので、村内だけでなく半径8kmのエリアで農地面積の7％に抑えられ、デントコーンの過剰作

付けが防がれています。それが、デントコーン─冬大麦─小麦の輪作の維持につながっています。肥沃度維持のために、ナタネに間作物（ルーサンなど）を加えた新たな穀物主幹作付け順序方式が模索されています。さらに、メタンガス発生後の消化液が液肥として撒布されますが、液肥の１m^3の肥料分は、窒素4.4kg、リン酸1.2kg、カリ3.9kgです。これによって、液肥撒布量が9,800m^3あるので、化学肥料を窒素肥料160トン、リン酸肥料26.1トン、カリ肥料95.5トンを節約でき、その施肥のために重いダンプカーを走らせる必要もありません。

　デントコーンの栽培には合計180ha、したがって44戸の１戸平均では４haが当てられており、収量45〜50t/haで、１トン当たり35ユーロでの供給であるので、１戸当たり平均で35ユーロ×４ha×45〜50ｔ＝6,300〜7,000ユーロの販売収入が穀作経営にも保証されています。

　こうして戸別バイオガス発電へのオルタナティブとしての協同バイオガス施設は、畜産経営だけでなく兼業穀物経営にも出資とバイオガス原料供給による所得確保のチャンスを与えているのです。

（２）グロスバールドルフを代表する大型専業経営とバイオガス発電

クレッフェル農場：年間2,500頭出荷の肉豚経営

　グロスバールドルフのバイオガス発電事業の中核を担う経営が、大型肉豚経営クレッフェル農場です。経営主のマティアス・クレッフェル氏（50歳）は、肉豚経営の傍ら、アグロクラフト・グロスバールドルフ社の専務であり、隣村バート・ケーニヒスホーフェンのバイオガス発電事業「ビオエネルギー・バート・ケーニヒスホーフェン社」の専務をも兼務しています。

　農用地規模130haのクレッフェル農場は、村内に残る14経営（うち

7戸は副業経営）のトップクラスの位置にあります。130haの農用地はすべて耕地で、うち自作地は60ha、借地が70haとなっています。農地肥沃度指数は平均50であって、この地域からそれほど遠くないマグデブルク沃野（黒土）に代表される肥沃地帯に比べると、肥沃土は高くありません。自作地は、30年前、父が経営主であった時代までは15ha規模でしたが、現在の経営主マティアス氏が経営を担うようになった1980年代から90年代にかけて、毎年1～2haずつの耕地買取りで60haにまで拡大しました。当時の農地価格は現在の半分以下の、1㎡当たり0.7～0.8マルク（7,000～8,000マルク/ha）であったといいます。

　借地70haの借地料は肥沃度によって差がありますが、1ha当たりほぼ200ユーロから400ユーロで、バイエルン州内では平均よりやや低い水準になっています。借地相手は25家族を数え、借地相手1戸当たりの借地面積はわずか2.8haです。かつての農地買収が1～2ha単位で行われたことに加えて、借地の平均規模が3ha以下であるのは、この地域では激しい耕地分散がみられ、それは農地の分割相続の歴史があって、零細農家が多数成立していたことが原因です。平均2～3ha規模の売買・貸借であっても、基本的にそれは地片単位ではなく、零細経営の離農にともなう農地売却や貸付けという農場単位であったところにこの地域の農業構造の変化の特徴があるということでした。

　さて、クレッフェル農場の畜産は、父が経営主であった時代には、集落内の住居に接続した畜舎での、豚と乳肉兼用牛の複合的畜産であったものを、1979年に、集落の外に、400頭飼育用と800頭飼育用の2棟の大型豚舎を建設して、養豚専業経営の道を選択しました。

　肉豚生産に必要な飼料は90％自給です。小麦の70％（35ha×7トン＝245トンの70％）172トン、大麦全量（30ha×7トン）210トン、

実取りトウモロコシ全量（10ha×8トン）80トン、計462トンが自給です。これに挽割り大豆やミネラルが追加飼料として購入されます。

子豚の買入れから、育成と肥育、出荷の流れは下のとおりです。

	400頭豚舎 （育成用）	800頭豚舎 （肥育用）	
子豚買入れ （生後4週間 生体重8kg）	13週間育成 （35kgまで）	25～26週間肥育 （125kgまで） （計38～39週）	出荷 150頭/3週間 年間2,500頭
購入価格 60ユーロ/頭			出荷価格 190～215ユーロ/頭

経営主マティアス氏50歳（1.0労働力単位）を中心に、妻45歳（同0.5）、父83歳（同0.3）の家族労働力に加えて、雇用労働は男子1人を通年で週50時間雇っています。うち25時間は農場作業・機械修理（時間給15ユーロ）、残りの25時間は豚糞やデントコーンの運搬、液肥撒布などバイオガス施設関係の仕事（土曜日の就業もあって、時間給20ユーロ）での雇用です。雇用労賃は4万5,500ユーロの支払いに加えて、賃金のほぼ50％に相当する社会保障掛金（疾病保険・年金保険・失業保険・介護保険）の2分の1が雇用主負担となります。したがって雇用労働者1名に掛かる経費は5万6,900ユーロになります。

耕地での作物栽培・収穫に必要な農業機械は、①トラクター3台（180馬力1台、100馬力1台、60馬力1台）と②輸送機械3台（計16トンの輸送力）を所有しています。③耕作機械（ハロー、条播機、肥料散布機など）は、村内の70ha規模経営、30ha規模経営の2経営との共同所有です。さらに、高額の④大型コンバイン1台（アメリカ・ジョンディア製23万ユーロ）と⑤液肥撒布機1台（5～6万ユーロ）は、

上の2経営に加えて、同じく村内の5経営（150ha規模、130ha規模、70ha規模、60ha規模、25ha規模）を加えた7経営との共同所有です。クレッフェル農場を中心に8経営で、「アグロチーム」（Agroteam）を編成し、穀物収穫と液肥撒布作業を共同化しています。この両作業については、アグロチームが行う共同作業が村内耕地の80％のシェアをもちます。現代ドイツの専業家族経営が、資本投下の大きい資本型家族経営に変貌しているなかで、大型農業機械の共同所有と共同利用が広がっていることは注目に値します[5]。

バイオガス発電への参加にともなう作物栽培の変化

　耕地130haでの作物栽培は、小麦35ha（収量1ha当たり6〜7トン）、冬大麦30ha（同7トン）、実取りトウモロコシ10ha（同8トン）、デントコーン20ha（同50トン。ただし気象によって25〜70トンと収量変動が大きい）、油糧種子（ナタネ）25ha（同4トン）、計120haです。残りの小川沿いの不作付地10haは、バイエルン州が助成金給付対象としている環境保全地（Ökoflächen）です。協同バイオガス発電事業への参加以前（2005年には経営面積110ha）では、小麦30ha、冬大麦同じく30ha、トリティカーレ13ha、ナタネ30haと、甜菜が7haありました。デントコーンの栽培はありませんでした。

　現在の作付順序方式は、①地力がやや高い耕地では、デントコーン（4月末に2週間かけて播種・9月末刈取り）—小麦（9月末・10月初め播種・翌年8月中旬収穫）—冬大麦（9月20日播種・翌6月中旬収穫）、②地力の低い耕地では、デントコーンの代わりにナタネ（8月20日播種・翌年8月15日刈取り）—小麦—大麦になっています。

　地力の維持のために、冬大麦の後作・デントコーンの前作としてルーサン（アルファルファ）などを、間作物（Zwischenfrüchte）と

して8月初めから翌年6月まで入れます。デントコーンは不耕起で播種します。肥料としては、豚糞の50％（300m³/ha）、バイオガス施設から供給される液肥が中心です。化学肥料は窒素だけが追加的に投入されます。

新たな複合化で経営維持・所得確保

　クレッフェル農場は、グロスバールドルフのバイオガス発電事業の立ち上げをリードした経営です。出資額も大きく、1株2,400ユーロの出資を15株、3万6,000ユーロ出資しています。

　これに対応するバイオガス原料は、①10ha分のデントコーン500トンをトン当たり35ユーロ、計1万7,500ユーロでの、②5ha相当の豚糞1,500m³（1ha＝300m³）をトン当たり4.50ユーロ、計6,750ユーロでの供給です。合計2万4,250ユーロになります。クレッフェル農場はこのバイオガス発電施設関連（豚糞運搬・液肥撒布等）で雇用労働者1人を週25時間雇用しており、その労賃支払いだけで2万6,000ユーロになるので、バイオガス原料供給から得られる収入は労賃支払い経費で消えます。ただし、このバイオガス関連作業があることで、穀物部門だけでは通年雇用が困難な熟練労働者（農業機械修理もできる）を雇用でき、液肥を得られることが化学肥料の節約を可能にしているのです。

　好調なバイオガス発電事業がもたらす高率の出資配当（出資1株＝原料供給1ha分当たり700ユーロ、配当率30％）が合計1万500ユーロあります。これが経営計算上ではバイオガス発電事業への参加が生み出している純収益です。

　ちなみに、クレッフェル農場が受給するEUやバイエルン州からの助成金が、①デカップリング直接支払い（EU助成金）が300ユーロ/

haで130ha・3万9,000ユーロ、②条件不利地域対策平衡給付金（60ユーロ/ha）が130ha・7,800ユーロ、③環境保全地助成金（バイエルン州の農業環境助成KULAP）が500ユーロ/ha（農地肥沃度指数50に相当）で10ha・5,000ユーロあります。これら助成金の総額は5万1,800ユーロにのぼります。

　バイオガス部門の粗収益は、デントコーン供給1万7,500ユーロ、豚糞供給6,750ユーロ、出資配当1万500ユーロの合計3万4,750ユーロであって、これはクレッフェル農場がEUやバイエルン州政府から受給する助成金5万1,800ユーロの67％、すなわち3分の2強に相当します。また、出資配当は130haある経営農用地面積に対しては1ha当たり80ユーロとなり、この農場が受給する②条件不利地域対策平衡給付金60ユーロ/haを上回ります。

　なお、クレッフェル農場のバイオガス原料への販売を除く農産物販売額は、①肉豚2,500頭（1頭当たり188～213ユーロ）47万～53万2,500ユーロに加えて、小麦68トン（収穫量の30％をトン当たり200ユーロで販売）1万3,600ユーロ、の合計48万3,650～54万6,150ユーロです（**表3-1参照**）。農産物販売額合計約50万ユーロに対して、現金支出経費で大きいのは素豚購入費15万ユーロ（125kgまで肥育した成肉豚出荷額合計のほぼ30％）と雇用労賃（農場作業、機械修理の週25時間分。時間給15ユーロ）1万9,500ユーロ（保険料等雇用主負担を加えると2万9,250ユーロ）です。

　ちなみにバイエルン州政府の最新の「2009年度簿記統計調査結果」では、バイエルン州北部地域の養豚を含む加工型畜産経営では、畜産物販売額（農用地1ha当たり）は平均3,685ユーロ、畜産部門物財費は同じく2,093ユーロ（56.8％）となっています[6]。この物財費比率57％をクレッゲル農場に当てはめると、肉豚販売の純収益額は27万～

表 3-1　クレッフェル農場の経営計算

		量	単価（ユーロ）	合計額（ユーロ）	備　考
養豚部門	素豚購入費	2,500頭	60/頭	150,000	飼料90％自給
	肉豚販売	2,500頭	1.5～1.7/生体kg	470,000～532,500	125kg/頭で出荷
穀物部門	小麦販売（30％）	68トン	200/トン	13,600	
	雇用労賃	1人・週25時間	農場作業15/時間	19,500	
	借地地代	70ha	200～400/ha	21,000	平均300ユーロ/ha
バイオガス部門	デントコーン供給	500トン	35/トン	17,500	10ha相当分
	豚糞供給	1,500m³	4.50/トン	6,750	5ha相当分
	出資配当	15ha（株）	700/ha	10,500	2400ユーロ/株
	雇用労賃	1人・週25時間	バイオガス作業20/時間	26,000	
助成金	デカップリング直接支払い	130ha	300/ha	39,000	
	条件不利地域平衡給付金	130ha	60/ha	7,800	
	農業環境支払い	10ha	300～700/ha	5,000	平均500ユーロ/ha

30万ユーロという水準になります。

かくして、クレッフェル農場にとってのバイオガス発電事業への参加による収入３万4,750ユーロは、この農産物販売による純収益27万〜30万ユーロに対しては12〜13％に相当します。また、EU等からの助成金５万1,800ユーロに対しては67％に相当し、決して小さくありません。これに加えて、クレッフェル氏には、アグロクラフト・グロスバールドルフ社専務、さらに隣村バート・ケーニヒスホーフェンのバイオガス発電事業「ビオエネルギー・バート・ケーニヒスホーフェン社」専務としての報酬が加わります。

こうして、バイオガス発電事業への参加は、大型畜産経営に新しい多角化の可能性をもたらしました。

養豚経営M・クレッフェル経営の場合は、
 これまで：農業―耕種農業（110ha）＋肉豚（年間1,000頭出荷）
　　　　　投資―生命保険＋貯蓄
 これから：農業―耕種農業（130ha）＋肉豚（年間2,500頭出荷）
　　　　　グロスバールドルフ農業チーム（液肥撒布・穀物収穫協同体）参加
　　　　　投資―生命保険＋貯蓄バイオガス発電事業への参加（豚糞・デントコーン供給義務つき出資）
　　　　　ビオエネルギー・バート・ケーニヒスホーフェン社（専務）
　　　　　アグロクラフト・グロスバールドルフ社（専務）
　　　　　村民太陽光発電事業への参加（出資）
　　　　　アグロクラフト社（専務）

クレッフェル氏が2,500頭出荷の大型肉豚経営でありながら、2つの協同バイオガス発電施設の専務を兼務できるのは、肉豚経営では酪農に比べて求められる労働力量がずっと小さいことが背景にあります。ちなみに、全国的なデータでは、2010年では1完全労働力（AK）で飼育できる乳牛は79頭であるのに対し、肉豚では2,059頭となっています[7]。もちろん、バイオガス原料である豚糞の農場からバイオガス施設への運搬や、消化液（液肥）の圃場への撒布作業は雇用労働力を必要にしています。

　クレッフェル氏自身の「2030年における経営展望」によれば、バイオガス発電施設から得られる廃熱を利用して、若い世代が参加する施設園芸や、共同酪農経営をグロスバールドルフに起こすことが目標とされています。

注
1）ベルリン・フンボルト大学主催2012年国際協同組合年記念国際協同組合学会「グローバリゼションの挑戦に対する協同組合の対抗」（2012年3月21〜23日・ベルリン）におけるJ・R・ミュラーおよびL・ホルステンカンプの個別報告による。
2）ドイツの電力協同組合の歴史については、2010年11月にハンブルクで開催されたドイツ協同組合史学会第5回大会「農村協同組合」でのB・フリーガー報告に簡潔な紹介がある。
3）レーン・グラプフェルト郡やグロスバールドルフの再生可能エネルギーについては、2011年11月、12年12月、さらに13年4月と、3度にわたる訪問調査によって得られたデータをもとにしている。とくに、M・ディーステル氏の、バート・ノイシュタットのアグロクラフト社本部事務所での2012年12月5日プレゼンテーション資料による。Diestel, Michael, "Renewable energies in rural areas: How to secure the value created for residents, how to benefit from the potential locally or: A FWR energy cooperative for every village"
　アグロクラフト社はこのグロスバールドルフのアグロクラフト・バ

イオガス施設を筆頭に、シュトロイタール村のアグロクラフト・バイオガス施設（2施設に45経営参加）、バート・ケーニヒスホーフェン村のビオエネルギー・バイオガス施設（35経営参加）などを、郡内に適切に配置することで、デントコーンの過剰作付けと遠距離輸送を防ぐ戦略を意識的に採用している。

4）ドイツ農業の主要栽培地帯（Anbauzonen）について、G・ブロームは、「ドイツは、冬温和な中緯度帯の圏内に位置しているうえ、海洋の影響を受ける湿潤な気候である。ただ東部地域にだけは広大なロシア大陸の影響が多少みられるから、これら地域はもはや"大陸性漸移気候"地帯といえる。高地を除けば、ドイツ全域で農作物に約2,600度までの積算温度が供されている。」とし、積算温度約2,700度が必要な実取りトウモロコシは南ドイツのごく限られた地域での栽培に適し、大豆やイネの栽培の温度条件の地域は存在しないとしたうえで、第1地帯：北西ドイツの草地地域、第2地帯：アルプス北麓と中部山地の高標高地（海抜600m以上）の草地地域、第3地帯：バルト海沿岸の飼料作地域、第4地帯：東部・西部ドイツの砂質土壌地、第5地帯：小麦・甜菜土壌、第6地帯：南西ドイツの峡谷、盆地地勢のブドウ気候という6つの地帯に主要栽培地帯を分類している。本書でとりあげたバイエルン州は、ブロームによれば第2地帯であるアルプス北麓と中部山地の高標高地（海抜600m以上）の草地地域であって、最も優れた耕地土壌をもつ第5地帯：小麦・甜菜土壌（甜菜・穀作経営が主要経営方式であって、黒色土壌が広がるマグデブルク沃野が典型地域）に比べると、農業条件はずっと劣る。G・ブローム（都築利夫訳）（1972）『農業経営学総論』(家の光協会)、99～112ページ。

5）家族経営の性格をめぐっては、以下のような議論がある。

　家族経営の性格については、日本農業と欧州農業の構造的な差異を軽視すべきではないとして、同じく小農的な構造を有しながらも、労働力当たりの資本量の点で顕著な差があることに注意を喚起して西ドイツ農業における階層分化を分析した松浦利明氏は、「家族労働経営」の差異については、磯辺秀俊編（1962）『家族農業経営の変貌過程』が、「家族農業経営の類型」論を論じ、家族労働力を根幹とする点で家族経営といえるだけで、その中には「全く自給経済的」なものから、「高度に商品生産化された資本家的企業」にいたるまで「無数の過渡的形態」があるとしたことに依拠して、「今日の西欧（1960年代・引用者注）の場合、労働型から資本型への過渡期として把握できる」とした。松

浦利明「西ドイツ農業における階層分化」的場徳造・山本秀夫編著(1966)『海外諸国における農業構造の展開』(農業総合研究所) 所収、163〜64ページ。磯辺秀俊氏は、『家族農業経営の変貌過程』で、商品生産化の程度、賃労働への依存度、資本の果たす役割を主要指標として、(1)交換経済の未発達な段階の自給経済的、かつ付随的自給農業を営む「自給経済的家族経営」に始まって、多くの国の農業で重要な商品生産的家族経営が重要である。その商品生産的家族経営にあっても、(2)家族労働力が投下資本に対して圧倒的重要性をもつ「労働型家族経営」と、(3)投下資本が著しい重要性を占める「資本型家族経営」が発生し成長する。家族労働力を根幹とする点ではなお家族経営の範囲をでないが、家族労働力にたいして資本とくに固定資本の比重が高く資本集約度の高い経営である。さらに、(4)経営が家計と計算上、次第に分離し、生活のための所得にとどまらず、積極的に投下資本に対する報酬を求め、高い経営力が求められる資本家的企業の性格に近づく「企業的家族経営」が成立する、とした。

　ちなみに、前章でバイオガス発電事業に取り組むモデル的経営として紹介した酪農経営レールモーザー農場は(2)労働型家族経営、大型七面鳥経営のモーザー農場と本章の大型肉豚経営のクレッフェル農場は(3)資本型家族経営に類型化されよう。

6) StMELF, Bayerischer Agrarbericht 2012, Tabelle 36.
7) DBV, Situationsbericht 2012, S.77.参照。

おわりに

　EU条件不利地域対策（平衡給付金の直接支払い）や、「マンスホルト・プラン」構造政策に対抗する加盟国地方政府の農業環境支払いやマシーネンリンク運動、そしてEUの農業環境・農村開発政策の重視にもかかわらず、ドイツでは家族農業経営の離農が顕著になっています。そのなかで、主流農業団体「農業者同盟」と一線を画する中小農民中心の農民団体が数多く生まれ、中小家族経営の要求を掲げて運動を広げてもいます。

　とくに本書で取り上げた南ドイツのバイエルン州に代表される草地が農用地の過半をしめる地域（大半が条件不利地域）では酪農が地域農業の主幹部門であって、EU農政においても穀物部門と足並みを揃えての大経営育成や、需給管理を市場に任せる方向への農政の転換は抑制されてきました。1984年に導入した生乳過剰生産に対する直接的需給管理、すなわち酪農経営すべてに「生乳生産クオータ」を割り当てる方法で生乳の生産調整を永らく実施しつつ、市場買上げ乳製品の補助金つき輸出で生乳価格を維持することで酪農経営を支えてきたのです。

　ところが、EUは、CAP改革の新段階である「2008年CAPヘルスチェック」に至って、①「生乳生産クオータ」の2015年廃止、②それへのソフトランディングのために09年より13年まで5年間、毎年1％ずつクオータを引上げるとする理事会決定を行い、酪農部門でも直接的な供給管理政策は放棄される方向になっています。

　ところが、それは直ちに生産者乳価の下落、それもかつてない1kg当たり30セント台前半という低水準への大幅な下落につながり、

酪農経営者の激しい抵抗を生み出すことになり、中小家族経営の経営危機が政治問題化しました。そして、近年の中小家族経営の離農は、酪農部門を先頭にストップがかかっていません。

　そのような状況のなかで、本書冒頭で紹介したような、「農村の再発見」、そして再生可能エネルギーの地域自給をめざす「100％再生可能エネルギー地域」づくり運動を拠りどころに、家族農業経営と農村の保全をめざすという新たな局面が生まれたのです。

　ひとつにはエネルギー生産における脱原発、いまひとつには大電力会社による集中的大規模エネルギー生産に代わる地方分散的小規模エネルギー生産への転換を内容とする「エネルギー転換」の進展は、再生可能エネルギー法による電力固定価格買い取り制度、つまり電力に対する20年保証の価格支持制度が後押しして、農村での再生可能エネルギー生産の急展開をもたらしました。

　バイエルン州政府の農政は、歴史的にEUの構造政策に抵抗して、農村活性化にはできるかぎり多数の自立的農業経営の存在が求められるとするものでした。その一環としてマシーネンリンクが推奨されたのです。

　そのようななかで、バイオガス発電に代表される再生可能エネルギー生産による経営複合化による農家所得の補完は、経営の安定性と危険回避能力を高め、次世代の就業場面の拡大にも貢献するものになっています。

　2012年版「バイエルン州農業報告」によれば、経営規模5 ha以上の約9万7,900経営のうち3万4,400経営、35％、つまり3分の1強の経営が、少なくともひとつの農外所得源をもっています。その農外所得として39.9％の経営で林業所得があり、それに並ぶ39.6％の経営で再生可能エネルギー生産が所得源になっています。このなかには、風

力発電、太陽光発電、バイオガス発電施設をもつ経営に加えて、バイオガス発電施設へのエネルギー原料供給がある経営も含まれています。農外所得源をもつ経営の約4割の経営で、再生可能エネルギー部門への参加が新たな所得源になっていることに驚かされます。

　本書で明らかにしたのは、バイオガス発電が、不安定な農業所得に依存した農家所得に対して補完所得源として大きな役割を果たしていることです。EUの条件不利地域対策の平衡給付金、州独自の農業環境支払いやグリーン・ツーリズム助成に加えて、バイオマス発電が家族農業経営の所得を補完し、その存続と農村の活性化に貢献していると考えられます。再生可能エネルギー、とくにバイオガス発電事業を取り込むことで、ドイツの家族農業経営の多くは新たな経営展開の糸口をつかんだのではないでしょうか。

　来春2014年3月には、農林中央金庫総合研究所と愛媛県自治体問題研究所が中心となって、本書第3章で紹介したアグロクラフト社のディーステル、クレッフェル両専務を日本に招へいして福島県、東京、京都、松山でシンポジウムや交流会を開催する予定になっています。

（2013年9月1日）

【参考文献】（邦文のみ）

W・アーベル（三橋時雄・中村勝訳）『ドイツ農業発達の三段階』未来社、1976年
淡路和則「農業経営の組織化—ドイツのマシーネンリング」中安定子他『先進国家族経営の発展戦略』農文協、1994年所収
磯辺秀俊編『家族農業経営の変貌過程』東京大学出版会、1962年
梅津一孝・竹内良曜・岩波道生「先進国におけるバイオガスプラントの利用形態に学ぶ～北海道における再生可能エネルギーの利用促進に関する共同調査報告書～」独立行政法人農畜産業振興機構『畜産の情報』2013年6月号所収
大島堅一『再生可能エネルギーの政治経済学』東洋経済新報社、2010年
エーリッヒ・ガイアースベルガー（熊代幸雄・石光研二・松浦利明共訳）『マシーネンリンクによる第三の農民解放』家の光協会、1976年
梶山恵司「グリーン成長戦略とは何か」『世界』2013年2月号
熊谷徹『脱原発を決めたドイツの挑戦・再生可能エネルギー大国への道』角川新書、2012年
V・クレム（大藪輝雄・村田武訳）『ドイツ農業史』大月書店、1980年
H・ゲルデス（飯沼二郎訳）『ドイツ農民小史』未来社、1957年
ミランダ・シュラーズ『ドイツは脱原発を選んだ』岩波ブックレットNo.818、2011年
滝川薫他『100％再生可能へ！ 欧州のエネルギー自立地域』学芸出版社、2012年
田口理穂『市民がつくった電力会社　ドイツ・シェーナウの草の根エネルギー革命』大月書店、2012年
寺西俊一・石田信隆・山下英俊編著『ドイツに学ぶ地域からのエネルギー転換・再生可能エネルギーと地域の自立』家の光協会、2013年
日本ドイツ学会「シンポジウム・ドイツ脱原発の選択」『ドイツ研究』第47号、2013年。
ハウスホーファー（三好正喜・祖田修訳）『近代ドイツ農業史』未来社、1973年
G・ブローム（都築利夫訳）『農業経営学総論』家の光協会、1972年
松浦利明「西ドイツ農業における階層分化」的場徳造・山本秀夫編著『海外諸国における農業構造の展開』農業総合研究所、1966年所収
村田武「EUの農業と農村—南ドイツを事例に—」梶井功編著『「農」を論ず・日本農業の再生を求めて』農林統計協会、2011年所収
村田武・渡邉信夫編著『脱原発・再生可能エネルギーとふるさと再生』筑波書房、2012年
和田武『飛躍するドイツの再生可能エネルギー』世界思想社、2008年

著者略歴

村田　武（むらた　たけし）
　　　1942年福岡県生まれ。博士（経済学）
　　　愛媛大学社会連携推進機構客員教授・うわじまサテライト長
　　　㈱愛媛地域総合研究所代表取締役
　　　愛媛県自然エネルギー利用推進協議会会長

　　　近著に以下がある。
　　　『戦後ドイツとEUの農業政策』筑波書房、2006年
　　　『食料主権のグランドデザイン』（編著）農文協、2011年
　　　『脱原発・再生可能エネルギーとふるさと再生』（共編著）筑波書房、2012年

筑波書房ブックレット　暮らしのなかの食と農　㊺

ドイツ農業と「エネルギー転換」
―バイオガス発電と家族農業経営―

2013年10月7日　第1版第1刷発行

　　　著　者　村田　武
　　　発行者　鶴見　治彦
　　　発行所　筑波書房
　　　　　　　東京都新宿区神楽坂2－19 銀鈴会館
　　　　　　　〒162－0825
　　　　　　　電話03（3267）8599
　　　　　　　郵便振替00150－3－39715
　　　　　　　http://www.tsukuba-shobo.co.jp

定価は表紙に表示してあります

印刷／製本　平河工業社
©Takeshi Murata 2013 Printed in Japan
ISBN978-4-8119-0427-6 C0036